中等专业学校建筑经济与管理专业系列教材

# 建筑工程项目管理

上海市建筑工程学校
金同华 主编
金同华 陆志明 江宇翼 余燕樑 编
攀枝花建筑工程学校 张文祥 主审

中国建筑工业出版社

**图书在版编目(CIP)数据**

建筑工程项目管理/金同华主编．－北京：中国建筑工业出版社，1998
 中等专业学校建筑经济与管理专业系列教材
 ISBN 978-7-112-03547-2

Ⅰ．建⋯　Ⅱ．金⋯Ⅲ．建筑业-项目-施工管理-专业学校-教材　Ⅳ．TU71

中国版本图书馆 CIP 数据核字(98)第 12939 号

---

本书将建筑施工组织与施工项目管理的基本理论和基本方法融为一体，内容包括：项目管理概述，项目的组织，项目的投标报价，施工合同，项目的施工规划，项目实施过程中的控制，项目的生产要素管理，建设监理，项目竣工验收及总结等。

本书为中专建筑经济与管理专业的教材，也可作为同类学校相关专业的教材或教学参考书，还可供建筑企业管理、施工技术人员参考。

---

中等专业学校建筑经济与管理专业系列教材
### 建筑工程项目管理
上海市建筑工程学校
金同华　主编
金同华　陆志明　江宇翼　余燕樑　编
攀枝花建筑工程学校　张文祥　主审

\*

中国建筑工业出版社出版、发行（北京西郊百万庄）
各地新华书店、建筑书店经销
北京云浩印刷有限责任公司印刷

\*

开本：787×1092 毫米　1/16　印张：10½　插页：1　字数：249 千字
1998 年 12 月第一版　2012 年 1 月第十一次印刷
定价：15.00 元
ISBN 978-7-112-03547-2
(14924)

**版权所有　翻印必究**
如有印装质量问题，可寄本社退换
（邮政编码　100037）

# 前 言

《建筑工程项目管理》是建筑类经济与管理专业教学改革中诞生的一门新课程,它将建筑施工组织与施工项目管理的基本理论和基本方法融合为一个完整的体系。本教材分九章,阐述了项目管理的基本理论、组织、规划、控制、生产要素管理以及项目的投标报价、施工合同、建设监理、竣工验收及总结等原理和方法。

在教材编写过程中,考虑到施工管理体制改革的深化,为体现出本教材的特色而充实了一些新的内容,以使教材的内容既适应宏观经济体制改革的思路,又结合施工项目管理的实际。为此,本教材不但从理论上阐述,而且从实践上加以系统化。编者始终遵循规范化和适用的原则,力求做到深入浅出、图文并茂、通俗易懂。在编写中,参考了有关文献资料,在此对文献资料的作者表示诚挚的感谢。

本教材由上海市建筑工程学校金同华主编,四川省攀枝花建筑工程学校张文祥高级讲师主审。其中:第一、二、四章由陆志明编写;第三章由江宇翼编写;第六章由余燕樑编写;第五、七、八、九章由金同华编写。

本书是全国中等专业学校建筑经济与管理专业的教材,也可作为建筑职业中等专业学校的教科书,还可作为有关专业人员及建筑经济类中专自学考试学员的参考书籍。

由于编者水平有限,加上编写时间仓促,书中难免存在不少缺点甚至错误,我们恳切地期待读者的批评指正。

# 目 录

## 第一章 项目管理概述 ········································································· 1
第一节 项目管理概念 ········································································ 1
第二节 项目管理的产生和发展 ························································ 3
第三节 项目管理的内容和方法 ························································ 4
复习思考题 ······················································································· 8

## 第二章 施工项目管理组织 ·································································· 9
第一节 施工项目管理组织机构概述 ················································ 9
第二节 施工项目管理的组织形式 ·················································· 12
第三节 施工项目管理机构的组建与解体 ······································ 16
第四节 施工项目管理的规章制度 ·················································· 18
复习思考题 ····················································································· 19

## 第三章 项目的投标报价 ···································································· 20
第一节 项目的承揽 ········································································ 20
第二节 工程投标 ············································································ 23
第三节 工程成本估算与投标报价 ·················································· 28
复习思考题 ····················································································· 30

## 第四章 施工合同 ················································································ 31
第一节 施工合同的种类、内容和常用条款 ·································· 31
第二节 施工合同的洽谈与签约 ······················································ 35
第三节 施工合同的履行与管理 ······················································ 39
复习思考题 ····················································································· 42

## 第五章 项目的施工规划 ···································································· 43
第一节 项目施工规划概述 ······························································ 43
第二节 施工方案 ············································································ 45
第三节 施工进度计划 ····································································· 52
第四节 施工平面图 ········································································ 76
第五节 单位工程施工组织设计编制 ·············································· 79
第六节 施工组织设计实例 ······························································ 85
复习思考题 ····················································································· 90
计算题 ····························································································· 90

## 第六章 施工项目实施过程中的控制 ················································ 92
第一节 施工项目控制概述 ······························································ 92
第二节 项目实施阶段的进度目标控制 ·········································· 94

第三节　项目实施阶段的成本目标控制 ·················· 101
　　第四节　项目实施阶段的质量和安全目标控制 ············ 108
　　复习思考题 ············································ 117
　　计算题 ················································ 118

# 第七章　施工项目的生产要素管理 ·························· 119
　　第一节　施工项目生产要素的内容 ······················ 119
　　第二节　施工项目劳动管理 ···························· 121
　　第三节　施工项目材料管理和机械设备管理 ·············· 126
　　第四节　施工项目资金管理 ···························· 133
　　第五节　施工项目技术管理 ···························· 135
　　复习思考题 ············································ 138

# 第八章　建设监理 ········································ 139
　　第一节　建设监理概述 ································ 139
　　第二节　施工阶段的建设监理业务与施工项目管理 ········ 146
　　第三节　FIDIC 简介 ·································· 148
　　复习思考题 ············································ 149

# 第九章　项目竣工验收及总结 ······························ 150
　　第一节　项目竣工验收 ································ 150
　　第二节　施工项目的结算和决算 ························ 154
　　第三节　施工项目管理的分析和总结 ···················· 156
　　复习思考题 ············································ 158

# 参考文献 ················································ 159

# 第一章 项目管理概述

工程项目管理是施工企业和所属项目经理管理部必须认真加以研究和高度重视的课题。为了使工程项目管理的参与者都能够全面了解项目管理的全部过程,掌握基本理论,指导工作实践,本章论述工程项目管理的概念、内容和方法等。

## 第一节 项目管理概念

(一) 项目与其特征

1. 项目

项目一般指的是各类事物的款项,是一项任务。如工业生产项目、科学研究项目、体育比赛项目、工程建设项目等。

项目有大小之分。一个大项目可分为若干个分项目,一个分项目又可分为若干个子项目。一个大项目中的分项目有时可以单独作为一个项目。

作为一个项目,必须有个明确的范围和目标,并且要有一定约束条件,是一次性任务。它的约束条件一般是限定的资源、明确的时间和明确的质量。

2. 项目的特征

根据项目的含义,项目有以下特征:

(1) 项目的一次性。项目的一次性是项目最主要特征。世界上没有完全相同的二个项目,每个项目都有它的特殊性。生产也可以作为任务,但是连续性生产是重复性的,就不能算作项目。

(2) 项目的范围和目标的明确性。作为项目必须有界定的范围和明确的目标。如建造一座万人体育馆,它必定有相关的配套设施,如主席台、看台、运动员休息室、会议室、停车场、运动场等,这些都应明确作为项目范围内的任务。超出范围的建设就不能算作这个项目。

(3) 项目约束条件的肯定性。不同的项目具有不同的约束条件。一般的约束条件是限定的资源消耗(往往用资金来计算)、明确的时间界限和明确的质量标准。

(二) 管理与其职能

1. 管理

管理是由人类共同劳动引起的。社会生产力处在不发达时就不需要强调管理。随着社会生产力的发展,人们在一起共同从事劳动来完成一件事项,劳动者之间需要分工和协作,因此就需要一定的管理。社会生产力从手工业生产到用现代机械的大生产,管理上从传统的管理发展到现代化的管理。社会化的大生产分工更精细,协作更严密,更需要强调管理。同时管理的发展也促进了生产的发展。

管理成为一门科学是与工业革命和资本主义发展相联系的。各个管理科学家在研究总结的基础上提出各种不同的观点和方法,提出了做好管理的各个职能,形成了各种管理学派,推动社会生产力的不断发展,管理科学也在生产力发展中得到发展。

2．管理的职能

最早系统地提出各个管理职能的是法国管理学家法约尔。他在总结管理经验以后系统地提出企业管理活动是由计划、组织、指挥、协调和控制五大职能所组成。这是经典的管理职能学派的观点。他提出的这些主张,至今仍被广泛地运用。

20世纪20年代随着行为科学的形成,逐步出现了行为科学管理学派。他们认为传统的管理学中只重视了物的因素而缺乏重视人的因素,提出了除了要发挥管理者的积极因素外,还要发挥被管理者的积极因素,要正确处理人际关系,提出了人事教育和激励职能。

20世纪40年代由于系统论、控制论、信息论的出现和在管理中的应用,形成了管理学派的"百花齐放、百家争鸣"的局面,使各种管理学派的观点和方法相互渗透,相互补充,有力地推动现代管理理论和管理实践的蓬勃发展。

(三) 项目管理及其特征

1．项目管理

项目管理是指对某项一次性任务,在界定的范围内明确的目标下,优化各项约束条件进行实际有效的管理。

施工项目管理是指以工程建设项目为对象,以实现项目目标为目的,以项目经理个人全面负责为基础,以承包合同为纽带,通过运用现代化管理技术对整个工程期间的人力和物力资源进行指挥和协调的艺术,以达到规模、质量、时间、成本和参与者满意度等方面预定的目标。

这里需要强调说明三点:

(1) 必须具备项目特征的任务才可以进行项目管理。

(2) 优化各项的约束条件一般指的是限定的资源,明确的时间界限和明确的质量标准。由于耗用资源(往往用资金来计算)、使用的时间和质量标准是相互制约的,因而在管理上应尽可能地使时间、资源、质量达到最佳的标准要求。

(3) 实际有效的管理指在项目进行中发生的问题应该及时果断地进行处理。这就必须在项目上确立项目经理和建立项目经理部,不能像传统管理那样由企业管理部门和企业经理来研究处理和决定。

2．项目管理的特征

项目管理的特征与项目的特征密切相关,可归纳为以下几点:

(1) 项目管理组织机构的一次性。项目是一项一次性的任务,世界上没有二个完全相同的项目。每个项目都有它界定的范围,明确的目标,肯定的约束条件——时间、费用和质量。为了完成该项任务,必须建立相应的组织机构,进行有效的实际管理。项目的完成,项目管理的任务也同时完成,作为项目的管理机构也就失去了存在的价值,应同时宣告解散。

(2) 项目管理的系统观点,生产要素的优化组合和动态管理。项目有大小之分,不论何种项目都需要耗费一定的资源,达到一定的质量标准,在规定的时间内完成。项目管理本身就是动态管理,并要在动态过程中,用系统的观点,不断优化组合各种生产要素,使之投入最少产出最大,以达到最终目标。

(3) 项目管理的个人负责制和岗位责任制。项目虽然有大小,但是任何一个项目都是

"五脏俱全"，项目管理是个实际管理，有关项目实践过程中产生的决策，必须及时由现场作出，而不能由上级领导经过听取汇报，调查研究，经过讨论后由集体作出由集体负责。必须强调个人负责，负责人就是项目经理。

项目经理对于项目的成败起着至关重要的作用，对其除要求有较高的政治素质、技术素质和知识素质外，更应强调要有一定的领导能力和丰富的实践经验。

项目经理部是现场的管理机构，根据项目的大小和难易优化组合而建立，强调完成项目各项目标都要有人专门管理，设置应有岗位，建立岗位责任制。对项目经理部的工作人员要求一专多能，方能适应项目管理的"用最少的人，干最多事"的要求。

(4) 项目管理的科学性和风险性。项目是一项一次性的任务，并且一定要取得成功，因此必须事前作好充分的调查研究与科学分析，制订切实可行的实施方案，并且按阶段进行控制检查，一切建立在科学的基础上，才能最后达到预期的目标。

必须指出，任何周密的方案都属于预测，再好的预测在实施过程中都会与原来的设想产生一定的距离，有些甚至属于不可预见的突发事件，这些都给完成项目带来一定的风险性。因此在实施过程中，除了加强监测和控制外，还需要有对突发事件具有灵活机动的应变能力，使项目的完成在可控制的范围之内。

## 第二节 项目管理的产生和发展

### 一、项目管理的产生

我国是有五千年悠久历史的文明古国，在生产和管理上对人类都做出了伟大的贡献。以项目作为管理对象也是源远流长的。至今保存着许多伟大的工程，如都江堰工程、北京故宫建筑、万里长城等都是闻名世界的。在管理活动中有许多名垂史册的范例，如宋朝，汴京宫殿失火烧毁，皇帝命大臣丁谓主持修复，丁谓采用"一举三得"的方案，即在宫殿旧址旁先开运河，挖出土方用以烧砖，利用运河运输各种建筑材料，宫殿修复后，又把大量废土回垫运河，恢复了宫殿的原来面貌。这些有名的项目管理实践活动，反映了我国古代工程项目优化管理的水平。

新中国成立以后，我国的建设事业，以历史上从未有过的速度和规模蓬勃发展，成就更加辉煌。在实践中也培养了大量的建设人才和管理人才。但是由于我国长期实行高度集中的计划经济体制，一切依赖于行政指挥，在管理上没有能够形成以项目为管理对象的项目管理理论。

20世纪50年代至60年代，随着科学技术的发展，西方国家为了满足工业、国防建设和人民生活水平不断提高的要求，需要建设许多大型和巨型工程，如航天工程、大型水利工程、核电站、大型钢铁企业、大型化工企业和新型城市的开发等，这些工程项目技术复杂、规模宏伟、消耗资源巨大。这对项目建设和组织管理都提出了更高的要求。这些大型和巨型工程对于投资者和建设者都难以承担由于项目的组织和管理的失误而造成的损失，这就迫使人们去重视项目管理。阿波罗航天计划的实施，宇宙飞船和大型的项目管理实践活动，给人们提供了成功的经验，在总结提高的基础上使项目管理成为管理科学中的一个重要分支。

## 二、我国施工项目管理的产生和发展

### (一) 背景

新中国成立后，我国实行高度集中的计划经济体制，一切都由国家通过经济建设计划来安排。企业的生产经营和销售也必须服从计划，生产要素也得由国家安排，企业实质是国家行政的一个附属单位。建筑行业，被认为是特殊的行业，在理论上和政策上都否认建筑产品是独立的产品，更不承认建筑产品是商品，把建筑业看成是基本建设的附属消费部门。建筑施工企业没有独立的主体地位，也没有自主活动的客观环境，既要依附于行政管理部门，又要依附于基本建设部门。生产要素由行政安排，产品又不按商品交易原则进行，造成建筑企业既无活力又无动力，一切依赖国家的被动地位。

### (二) 改革开放和体制改革

中国共产党第十一届三中全会的召开，进行了拨乱反正，纠正政治思想路线上"左"的倾向，为我国对外开放，对内进行体制改革奠定理论基础。在总结过去的经验教训的基础上突破了"计划"和"市场"是根本对立的概念。过去由于受前苏联斯大林《社会主义经济问题》的影响，一直认为社会主义就是计划经济，资本主义才是市场经济。邓小平同志精辟也提出"计划和市场都是经济手段，计划多一点，还是市场多一点，不是社会主义与资本主义的本质区别。"改革和开放政策促使我们与世界各国和国际间各种组织机构的交往和接触。文化交往也进一步扩大，管理科学方面也得到扩大交流。

1982年我国在云南省和贵州省交界处需要建造一座水力发电站，该工程的完成，对于我国西南建设将起到很大作用。它就是鲁布革电站工程。它的建设作为世界银行贷款项目，按照世界银行规定，该工程项目必须进行国际竞争性招标和实行建设工程项目管理。为此我国成立了"鲁布革工程管理局"，实行建设工程项目管理，在公开招标中日本大成建设株式会社中标承包引水系统工程。工程从1984年11月正式开工至1988年7月竣工。在四年时间里创造了著名的"鲁布革工程"项目管理经验，受到中央领导同志的重视，并号召施工企业学习，1987年7月国家计划委员会、建设部等五个单位联合发文推广鲁布革工程管理经验。1988年8月选定全国15家大中型施工企业为第一批推广鲁布革工程管理经验的试点企业。1990年10月又将试点企业扩展到50家。到1991年9月建设部提出"关于加强分类指导、专题突破、分步实施全面深化施工管理体制综合改革试点工作的指导意见"，由试点工作转变为全行业的综合改革。

1987年在推广鲁布革工程管理经验中，建设部曾提出全国推行"项目法施工"的理论，它的内涵是转变施工企业经营管理方式和生产管理方式，目的是建立以工程项目管理为核心的企业经营管理体制。1994年9月建设部召开"工程项目管理"会议，明确提出强化工程项目管理，继续推行管理体制改革。

## 第三节 项目管理的内容和方法

### 一、施工项目管理的指导思想

#### (一) 树立科学技术是第一生产力的思想

科学技术促进了生产力的发展。20世纪是科学技术突飞猛进的时代，20世纪的生产力的发展超过了历史上任何一个时代。科学技术和管理技术成为生产力已被许多实践所证明并为大家所公认。邓小平同志精辟地提出科学技术是第一生产力的论断，为我国生产力的大力发展指明了方向。特别是当今高科技的电子技术的发展方兴未艾，对生产的发展和人民生活水平的提高将产生根本性的影响。

项目管理是现代管理科学的一个重要分支，树立科学技术是第一生产力的思想无疑是非常重要的指导思想，用现代化的思想，现代化的组织、现代化的方法，现代化的手段培养现代化管理人才，促进生产力的进一步发展，为社会进步作出更大贡献。

（二）树立系统管理的思想

系统是一种观察客观事物的方式。系统管理就是把相关联的各个元素进行系统分析、系统设计、系统模拟、合理决策以达到优化、最优化的预期目标。一个施工项目要取得成功受到各种约束条件的限制，有时间、质量、费用等要求，又有不同地点，不同条件的变化，再加项目特定的技术要求，这些都是一次性的，而项目只能成功不能失败，如果失败损失将是严重的，因此只能用系统管理的思想作指导。项目中的时间、质量和费用目标不能达到全部最优，只能做到优化，系统管理就要解决统筹安排和高度协调来实现预期的目标。

（三）树立依靠市场推动社会主义市场经济发展的思想

项目管理是市场经济的产物。我国实行的是社会主义市场经济体制，它并不等同于西方的市场经济体制，我们实行的施工项目管理，不仅要运用市场经济的原理，还要结合我国的实际情况促进我国社会主义市场经济的发展。

**二、施工项目管理的全过程**

施工项目管理的对象是施工项目全过程的各项工作。要做好全部工作，必须把整个工作划分成几个阶段，只有每个阶段做好阶段内的工作，并为下一阶段创造条件，后一阶段才能完成自身工作，最终达到施工项目管理目标的实现。施工项目管理一般划分为五个阶段。

（一）投标签约阶段

建设单位要进行固定资产投资活动有大量工作要做，在请设计单位完成设计工作以后，经过一定的准备工作，应在具备招标条件后实行公开招标，或邀请有信誉的建筑施工企业参加议标。

施工企业在建筑市场上得知招标单位发布的招标信息或由建设单位发来邀请信后，应根据招标单位的条件和施工企业自身的力量研究是否参加投标或议标。如果决定参加，就应根据业主要求向其索取招标文件，并按规定送交投标或议标文件。从施工项目管理角度讲，这是施工项目管理的第一阶段亦可称立项阶段。通过投标或议标如果中标就得与建设单位谈判签订工程项目承包合同。承包合同的签订标志着建设单位和施工单位之间的买卖关系在法律上已取得承认。这一阶段的主要工作是：

1. 企业经营决策层应根据业主的情况，企业自身的情况以及市场情况研究决定是否参加该工程项目的投标或议标。

2. 如果决定参加投标或议标，应拟定投标策略，编制好施工组织设计规划大纲（标前施工组织设计），由经营部门派员和选定具有项目经理资质的人员一名或几名同时参加投标和议标的全过程工作。

3. 如果中标，企业经营决策层需要选定参加投标的项目经理中的一人或几名研究谈判合同的策略，以期最终与建设单位签订符合国家政策法律法令的工程项目承包合同。

这一阶段的工作主要由企业经营决策层和经营管理部门负责。选定一名或几名项目经理参加投标为的是使企业领导在中标后可以从中选定施工项目经理，而对项目经理来说参加投标活动和签订合同的谈判工作可以了解施工企业领导和建设单位的全部意图，这对做好施工项目管理工作更为有利。

（二）施工准备工作阶段

这一阶段的工作应由企业和项目经理部分头进行。

企业与职能部门的工作是：

1．研究确定具有项目经理资质的人员为施工项目经理并与其研究确定组成项目经理部的人员，并做到到位就职。

2．对施工项目经理进行授权并与以施工项目经理为首的项目经理部签订内部承包合同。

施工项目经理与项目经理部的工作是：

1．认真学习工程项目承包合同和企业内部承包合同。

2．建立施工项目经理部的组织机构及其运行规则。

3．制定施工组织设计规划和制订有关的工作制度和岗位责任制并由上级评审通过。

4．进行施工现场准备，为连续生产创造条件，待开工报告批准后正式开工。

（三）施工阶段

项目自正式开工至竣工这一阶段称施工阶段。这一阶段时间最长，它的主要工作是：

1．按照施工组织设计进行施工。认真做好生产要素优化组合和动态管理并且做好各种原始记录。

2．对于计划进度、质量安全、成本、文明现场定期进行控制、协调、检查、分析。

（四）验收交工结算阶段

施工项目的验收是建设项目验收的第一阶段，它的主要工作是：

1．工程收尾交工与建设单位验收。

2．整理各种资料立案归档，编制竣工文件向建设单位移交，进行财务结算。

3．编写总结报告，申请施工项目经理部解体，接受审计评估。

4．善后工作小组解散。

从组建项目经理部至善后工作小组解散，项目管理的日常工作已告完成。但施工项目经理还负有保修期间产生属于施工质量问题的责任。

（五）用后服务阶段

交工验收以后，在合同规定的保修期内施工企业应进行用后服务。这一阶段的工作是：

在保修期内要对工程项目进行回访，听取用户意见，属于施工中的问题应及时采取补救措施。建立用后回访制度是为企业创立信誉，提高企业素质的一项重要措施。在回访过程中能发现一些在施工中没有注意的问题，对做好今后工作积累经验教训。

**三、施工项目管理的内容**

施工项目管理不同于以企业为对象的企业管理，不同于以行政事务为对象的行政管理，不同于以产品和市场为对象的生产经营管理。施工项目管理是以施工项目为对象的管理。因此它的职能也不同于其它管理，它的主要工作是：

（一）建立施工项目管理的组织

1．企业应采用适当的方式，选聘具有施工项目经理资质的人员担任施工项目经理，并授予应有的权责做到责权对等。

2．按照施工项目管理的组织原则，组建以施工项目经理为首的项目经理部，作为施工项目的管理主体，明确项目经理部每个工作人员的职责。

3．制订切合施工项目实际情况的规章制度，使每个工作人员有章可循。

（二）进行施工项目管理规划

施工项目管理规划也称施工项目组织设计，它是施工项目纲领性文件，因此它的制订应是专家和群众相结合的产物，并应被项目管理人员熟知和掌握。它应包括施工方案、施工部署、施工技术组织措施、施工进度计划、施工资源供应计划、施工平面图、施工准备工作计划、技术经济指标等。其中特别是施工技术组织措施有着特殊重要的地位，它应包括保证质量的技术组织措施，安全防护的技术组织措施，控制进度的措施，环境污染防护措施，文明施工措施和降低费用措施等。

（三）进行施工项目管理的目标控制和组织协调

施工项目的目标有阶段性目标和最终目标，只有使阶段性目标一直控制在允许偏差的范围之内，才能达到最终目标。应该控制的目标虽然每个项目各不相同，但是一般控制的目标有：进度控制目标、质量控制目标、成本控制目标、安全控制目标和施工现场控制目标。

再好的规划和计划在实施过程中总会产生许多事先难以预计的干扰，使计划和规划难以实现。因此必须排除各种干扰因素，而充分发挥组织协调作用是排除干扰的重要方面。施工项目管理是个动态过程的管理，协调也必须在动态中进行。在组织协调工作方面，首先是项目经理部的协调，使施工项目经理部成为管理中心。其次是近外层的组织协调。近外层一般指的是与项目经理部具有直接和间接的合同关系，它们是施工企业、建设单位、监理单位、设计单位、分包单位和物资供应单位、设备租赁单位等。再次是远外层的组织协调，它们是金融单位、政府监理部门、司法行政单位、各种社会服务单位、施工地区有关单位和新闻媒体等。

（四）进行合同管理和信息管理

一般的买卖关系是由生产企业把自己生产的产品通过交易活动出售商品取回货款，这就是先生产后销售。而建筑产品是一特殊的商品，它是先销售后生产。建设单位需要的产品先由设计单位设计好，再请施工单位为其生产。建设单位与施工单位签订的承包合同就是确立双方的买卖关系，然后由施工单位进行生产，这就是先销售后生产。承包合同是具有法律效力的文件。由于实行施工项目管理，以施工项目经理为首的项目经理部已成为履行承包合同的主体。严格履行合同不仅关系到施工项目完成的标准，也关系到企业的信誉，项目经理和项目经理部的信誉，同时关系到执行法律、维护尊严的政治态度，对于合同必须加强管理，保证合同条款严格执行。

建筑生产是个复杂的生产过程，以项目经理为首的项目经理部除了内部加强信息传递、做好协调外，还要发布和接受近外层和远外层的各种信息，因此必须采用现代化管理手段——电子计算机来加强信息管理。

## 复 习 思 考 题

1. 什么是项目和它的特征？
2. 什么是管理？它的一般职能有哪些？
3. 什么是项目管理和它的特征？
4. 施工项目管理的指导思想是什么？
5. 施工项目管理的全过程有哪些阶段，各应做哪些工作？

# 第二章　施工项目管理组织

施工项目管理组织,是管理职能中十分重要的组成部分之一,也是搞好施工项目管理的必不可少的先决条件。目前,我国施工企业的组织形式大部分采用矩阵制。同时,组织保证又是项目经理负责制,而最根本的还是要建立组织工作的一系列制度。本章节介绍施工项目组织机构、形式,以及组织建立和项目管理的规章制度等。

## 第一节　施工项目管理组织机构概述

### 一、施工项目管理组织概述

施工项目管理是一项十分复杂的管理工作。它不同于一般工业生产管理,主要是由建筑生产的技术经济特点所决定的。

首先,每项建筑工程有它特定的目的性。工程类型繁多,既可以是工业建筑,也可以是民用建筑;既可能是一般钢筋混凝土结构,也可能是特殊钢结构。

其次,建筑产品的固定性,带来施工生产的流动性。不同的施工地点,地质情况各不相同。施工期长,露天作业,高空操作,自然环境差异很大,给有节奏的均衡生产和安全带来更大的困难,往往会出现许多事先难于预计的隐患,再加上用工数量大,工种专业多,建筑材料品种繁多,产品来自四面八方,机械设备规格性能各不相同,要进行有条不紊的施工项目管理,就必须进行精心设计,精心组织。

施工项目管理的组织研究的是对施工项目的复杂性进行系统的,寻求合理的组织和方法,使施工项目管理达到预期的目标。就是使施工项目达到预期的质量标准,工期合理,成本较低,不出重大的安全事故,现场管理应科学化。

(一) 组织的概念

"组织"这个词有动词和名词二种解释。动词组织指的是管理的职能,就是把生产中的人力、物力、财力合理地组织起来,以达到预期的目标。名词组织指的是组织机构。例如居民委员会就是由居民组织起来而成立的机构。企业把人力、物力、财力组合起来,完成生产任务就需要建立组织机构。组织机构是依靠权力和影响力建立起系统的管理体系,设置部门进行职责分工和制定规章制度,使整个管理活动成为有序进行的一个整体活动。

组织的研究是个经典的研究课题。早在19世纪工业生产发展初期,已经有管理科学家着手研究生产的组织,工厂的管理模式。20世纪在管理理论上已形成了"组织论",着重研究二个问题:一是研究一个系统的组织结构,另一个是研究一个系统内工作流程的组织。

(二) 组织的职能

施工项目管理的组织职能应包括三个方面。

1. 组织设计

由于施工项目是一项一次性的任务并且目标明确和范围明确。因此必须从生产系统和管理系统设计建立一个合理的组织系统。划分各个职能部门的职责和权限，并且建立正常工作的规章制度，保证相互间信息的及时传递和反馈。

2．组织运行

机构的建立为的是各负其责。但是在实际运行过程中往往会出现事先的设计与实际运行出现差距，因此加强各个职能部门之间的联系和协调是至关重要的，以解决运行中产生的问题，保证按照组织设计的原意进行。

3．组织调整

项目管理本身是个动态过程的管理，因此组织机构的建立和组织的运行需要根据工作要求、条件变化，按照新的情况适时地调整。这中间包括组织形式的变化、人员职责的变化、规章制度的修订、责任制体系的调整和信息流通系统的调整。但是必须强调指出，组织机构不能轻易频繁变动，但也不是一次定型永远不变。

**二、施工项目管理组织机构**

建筑企业管理在推行施工项目管理之前和以后有着不同的内涵。在体制改革前企业的生产计划，生产要素和产品的销售，都是由国家通过行政机关来安排；企业的组织机构也是按照上级的规定设置科室，确定人员编置，做到上下对口，所有工作一切以完成国家计划为前提。实行体制改革后，企业要成为社会中的一个经济细胞，企业必须面向社会，在为社会服务过程中获取利润，为国家提供积累，为企业提供发展基金。因此企业既要学会在市场上获得任务的能力，同时要搞好生产计划和生产管理，为业主提供满意的产品。同时要降低成本为企业创造利润。为此建筑施工企业推行施工项目管理后，施工项目管理组织包含着二方面的内容：一是施工企业的组织，二是施工项目的组织。谁是施工项目的管理者也必须从二方面去理解。从企业角度看，建筑施工企业在建筑市场上通过投标活动，接受建设单位的挑选，并与其签订承包合同，承诺为其建造建筑产品。毫无疑问施工企业应是施工项目的管理者。另外从项目角度看，建筑施工企业承接了建造任务后，并不是由企业直接组织施工而是通过授权给施工项目经理和组建施工项目经理部，是以项目经理为首的项目经理部直接组织施工，真正成为施工项目的管理者，成为管理的主体。

因此施工项目管理的组织也应从企业和项目二个层次来设计。企业的组织机构设置既要适合于市场，能在市场竞争中获取任务，也要适合于施工生产和加强管理。由于施工现场分散在各个施工点，施工企业应该是面向现场，在加强管理的同时，多为现场服务，才能使企业在市场上有生存和发展的空间。

施工项目管理的组织机构设置主要以完成施工项目目标为依据，同时必须与施工企业的组织机构相对应，使企业职能科室与施工及项目经理部在业务上成为指导和被指导关系。

（一）施工项目管理组织机构的作用

1．高效率的项目管理体制和项目管理组织机构的建立是项目管理成功的组织保证

施工项目管理要在明确质量的前提下，在限定的时间和一定的费用内完成项目的建造，同时还要为企业创造经济效益。这样的繁重任务必须由组织机构来给以保证，建立高效率的组织机构——施工项目经理部是必不可少的，是成功的组织保证。

2．组织机构的建立是保证统一领导的必要措施

建筑施工企业的责任是为社会提供满意的建筑产品，为企业创造利润，企业必须有应有的权力。企业经理是企业的法人代表，有权组建企业的组织机构。组织机构的建立依靠于权力。施工项目经理的权力是由企业法人代表（经理）通过授权给与的。施工项目经理是实施合同的直接责任者，根据责权对等的原则，施工项目经理应有权建立适合项目生产和管理的组织机构。组织机构的建立就是依靠权力保证领导。施工项目管理还有许多技术业务工作如编制施工方案，施工组织设计等应该吸收多方面的意见，但是在管理活动中必须保证统一领导。组织机构的建立是保证统一领导的必要措施。

3．组织机构的建立是形成责任制和信息流通的必要渠道

组织问题既强调建立组织机构，同时也强调组织的运行。施工项目管理是个动态过程，在整个过程中产生大量的人流、物流和信息流。这样复杂的过程不可能只有一人来负责处理，需要建立不同的部门和不同的岗位，在建立组织机构的同时，明确岗位职责和每个人员的职责，形成岗位责任制和个人负责制。在完成项目目标过程中所产生的一切问题，通过信息的传递使项目在优化情况下运行最后达到预期的目标。

（二）组织机构设置的原则

1．目的性原则

组织机构的设置不是目的而是一种手段，设置组织机构的目的是确保项目目标的实现，所以应该从项目的目标来观察和分析，施工项目的目标从各个不同的角度看问题并不是完全一样的，从建设单位角度看，它要求施工单位按合同规定的要求完成建筑产品的三大目标，即明确的质量标准，在规定的时间内和合同规定的费用内完成建筑产品。从施工企业角度看，它要求以施工项目经理为首的项目经理部在质量和时间上不能低于建设单位的合同要求，在费用上能有更多的节约这样才能为企业创造更多的利润。另外有个安全指标，建筑施工是高空和露天作业，安全隐患要比其它行业要多，施工企业必须把安全问题当作特殊的指标，作为管理的目标之一，即四大目标（质量、时间、费用、安全）。对施工项目经理部来讲，还须增加一个现场管理目标。工程的建造是个复杂的过程，人员流动大，工种多，高空露天作业自然条件变化多，工种交叉，时间交叉，施工条件千差万别，如果事前不经过精心组织和精心设计，要使施工有条不紊地进行将是不可能的，要使现场的动态做到规范有序，这就成为项目经理部工作的第五个目标（质量、时间、费用、安全、现场）。

组织机构设置的程序如图2-1所示。

从目标划分就会有大量的工作，再则进行工作划分。有大量的工作就应建立相应的机构来完成相关的工作。机构内的工作应该定职责，通过授权落实到每个人员。机构应根据项目的大小分成层次，并建立制度确定个人负责制。按照层层分解来实施。实施过程中会产生二种可能，一种是较顺利，则可以继续运用，另一种可能与实际发生矛盾，就需要控制、检查，如果有碍于目标的实现就得重新循环修正，使工作顺利进行。

2．管理跨度和管理层次的原则

适当的管理跨度和管理层次是建立高效的组织的基本条件。领导者将指令传达给其下属，但其指令是否切实可行，应与被领导者沟通信息，检验其实际效果。管理的跨度和领导者的知识水平、领导能力密切相关，同时也与被领导者的知识水平和理解能力密切相关。

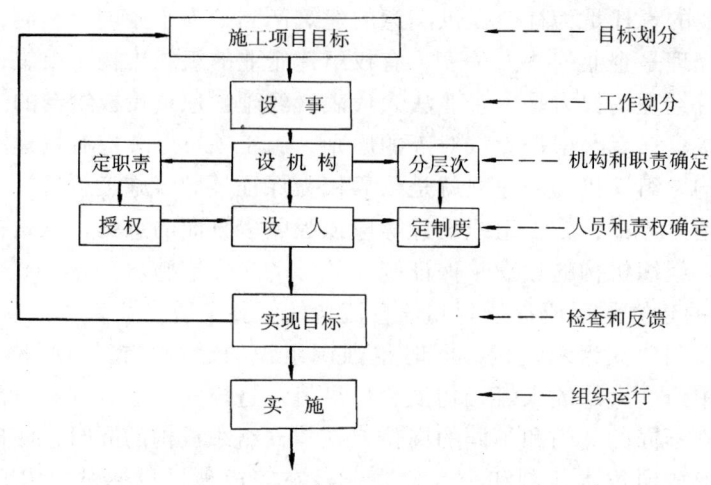

图 2-1 组织机构设置程序图

分层管理是限制领导者纵向管理的深度。领导者不应该事无大小，事必躬亲。越级管理会造成恶果，一是被领导者认为领导者对自己的不信任，限止了被领导者积极性的发挥；二是培养了不负责任的下属，事无大小，一律事前请示，事后汇报，一切责任推给领导者，自己可以不负责任。

3．系统化管理的原则

项目本身的系统化，决定了项目管理组织机构的系统化。一项施工项目存在着每个分系统和子系统。各个分系统和子系统之间存在着不同的组织、不同的工序和不同的工种。它们之间存在着大量的结合部。这就要求项目组织必须有个完整的组织结构系统，否则会出现组织与项目之间的不配套和不协调。

组织机构的系统化管理需要在组织内部各层次之间，各级组织职能之间形成一个相互制约、相互联系的有机整体。防止职能分工成为分家，使权限划分和信息沟通上相互矛盾。因此在组织机构设置初期就应该根据项目管理的需要把职责分工、授权范围、人员配备进行统筹考虑，形成一个封闭的组织管理系统。

4．精简高效的原则

施工项目管理组织机构的设置应贯彻精简高效的原则，这是项目目标实现在组织机构设置上的反映。

项目管理是把生产要素进行优化组合和动态管理，优化地完成项目的目标。因此组织机构必须进行简化，减少层次，严格控制管理人员。而用人的原则是用"一专多能"的人，"用最少的人完成更多的事"，"决不用多余的人"以提高效率，降低管理费用。

## 第二节 施工项目管理的组织形式

### 一、施工项目管理组织形式概述

管理组织形式亦称管理组织结构的类型，是指具体采用的管理组织结构。它要解决管理任务的分组、上下级关系和授权形式。管理组织形式直接决定了组织中的指挥系统和信息沟通，同时影响到工作效率和组织中各个人员的心理功能和社会功能。恰当的管理组织形式对实现管理组织目标是至关重要的。

现代组织理论提出，组织的设置应遵循二个方面：一是以职能为主，这种组织侧重于企业；另一是以对象为主，这种组织侧重于工程项目。二者既密切联系、相互交叉，又各有自己的特点，相互区别。

在高度集中的计划管理体制时，企业实质是行政的附属单位，一切以完成国家计划为前提，企业的组织形式采用直线职能制，企业管理职能部门的设置必须与行政对口，结果形成机构庞大，人员众多，分工过细，职能部门只管自己的单一职能，这样部门与部门之间就缺少往来，管理人员都停留在各级管理部门，生产一线则缺乏管理人员，结果形成了搞生产的没有人管理，搞管理的不从事生产的弊病。生产与管理脱节，总体效率不高。

经济体制改革，使企业成为社会的经济细胞，企业的生产任务已经不能从行政领导上获得，它必须加强自身的经营管理，从市场上获得生产任务。企业同时必须加强生产管理，完成与业主签订的合同，在实施合同的前提下降低成本，获取利润；同时必须树立企业信誉，以期获得更多的生产任务，使企业能够生存和发展。

深化经济体制改革，建筑施工企业推行施工项目管理，确立以施工项目作为管理的重心，选择和设计施工项目管理的组织形式，成为项目管理的重要组成部分。

**二、企业管理组织机构的主要形式**

管理的组织机构形成是随着生产力的发展而发展。它的主要形式有：

（一）直线制的组织形式

直线制的组织形式是早期的企业管理组织形式。它的特点是企业各级主管从上而下进行垂直领导。各级主管人员对其管辖单位的一切问题负责，企业不另设职能部门，企业的生产和管理职能基本上由主管自己负责，自己执行。因此要求主管人员能精通生产和管理各种业务成为"万宝全书"式的人物。它的形式如图2-2所示。

这种形式的经理直接管生产、经营、人事等业务。优点是：直接领导，事权集中，责任明确，联系直接，决定迅速，命令统一。缺点是：只能适应于小型企业。

（二）职能制的组织形式

随着科学技术的发展，生产力进一步提高，操作人员进一步扩大，直线制的组织形式变得不能适应生产力的发展。职能制组织形式是美国管理科学家泰勒提出的。其目的是把管理分为多个专业管理人员和管理机构。管理人员总是要培训的，培训单一专业的管理人才比寻找或培训"万宝全书"式的人员要容易得多，经理把相应的权力交给各种专业管理人员和管理部门。管理部门和管理人员在本职范围内有权直接指挥下级管理人员。因此下级管理人员除了接受上级领导还要接受上级行政职能部门的领导。这种结构形式如图2-3所示。

创造职能制的组织形式的愿望是提高企业专业化管理水平，同企业扩大和管理复杂相适应。但是实行职能制并没有与原来创建时的愿望相一致。实行职能制以后，各级职能人员有权指挥下级。结果造成下级既要接受上级领导的意见，又要接受上级管理部门的意见，下级工作无所适从，这与管理的"统一领导的原则"相违背。但是这种管理组织形式的"专业划分管理"的思想有它积极的意义。

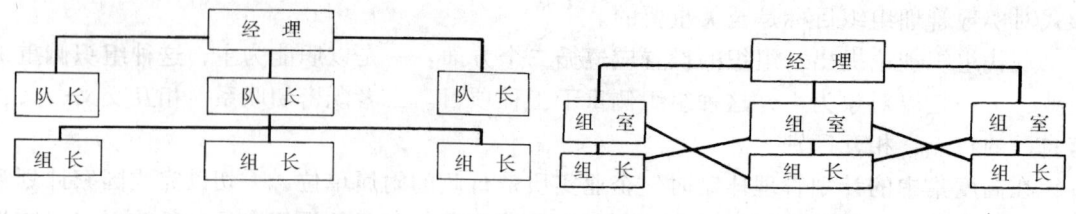

图 2-2　直线制组织形式　　　　　图 2-3　职能制组织形式

（三）直线职能制的组织形式

直线职能制的组织形式吸取直线制统一领导的优点，同时也吸取职能制专业分工管理的优点。这种形式把管理机构和人员分为二类。一类是直线指挥机构和人员，他们有对下级发布命令的指挥权，并对下级工作全面负责。另一类是职能部门和人员，他们只是直线指挥人员和参谋，对下级进行业务指导，但不能对下级发布命令和指挥。这种组织形式如图 2-4 所示。

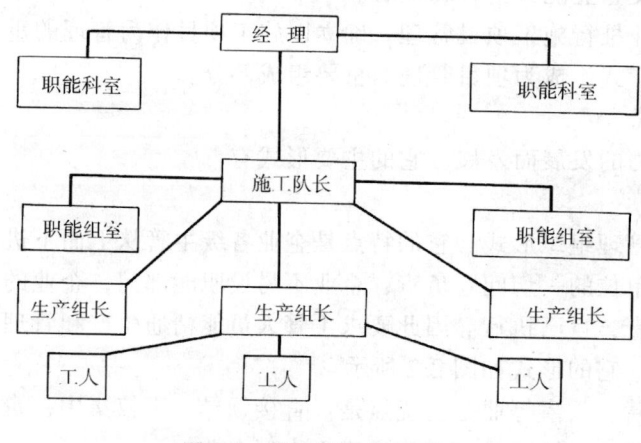

图 2-4　直线职能组织形式

这种形式经理对公司全面负责，他负责职能科室的全部工作，同时直接指挥施工队长。公司职能科室只是公司经理的参谋，不能直接指挥施工队长，也不能指挥施工队长所管辖的职能组室。这样可以避免职能制的多头领导并保证经理对施工队长的直线领导。

这种组织形式一直被各种企业广泛采用。但是这种形式对流动性较强的施工企业也有不适合的地方。施工企业的生产对象是工程项目，不管生产项目多大，项目完成后，就得转移到新的工程项目上去，产品的固定决定了生产的流动性，这给管理工作带来较多的麻烦。

（四）矩阵制的组织形式

所谓"矩阵制"是借用数学中的矩阵概念，它是在直线职能制垂直领导的基础上，又增加了一个横向的领导系统。二者结合起来组成一个"矩阵结构"这种组织形式如图 2-5 所示。

这种形式是企业职能部门和多个项目相结合而形成的形式。目前在推行施工项目管理中，特别是中小型企业采用得较多，它的特点是：

1．施工项目经理组建项目经理部时可以从各个职能科室"商借"工作人员到项目经理部工作，工程项目完成后，人员可以归还给职能科室。

2．职能科室管理人员"借到"项目经理部工作时，接受施工项目经理部领导，有利于加强施工现场管理。

3．职能科室工作人员如果工程项目上需要而职能科室工作同样需要，可以由科室领导和施工项目经理协商兼职。这样科室和工程施目上的工作都有人做，能发挥职能科室工

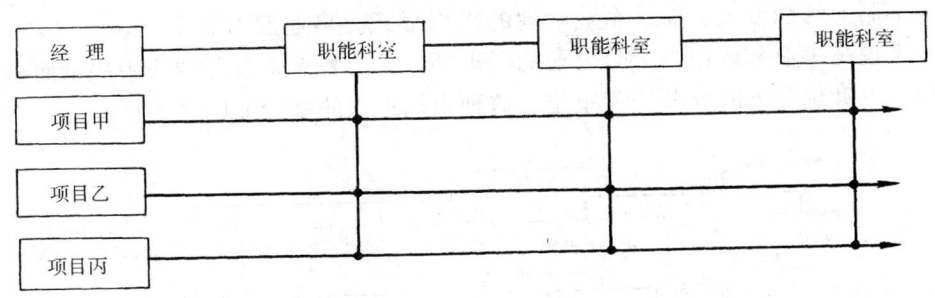

图 2-5 矩阵制组织形式

作人员的积极性。

4. 项目经理组建项目经理部时可以根据工程项目上工作的多少做到精简高效，不用多余的人员，提高工程项目管理水平和节约开支。

5. 矩阵制的最大缺点是双重领导，这时"统一领导"的管理原则有所干扰，职能科室工作人员接受施工项目经理部的聘请，理应接受施工项目经理领导，但是由于双重领导，往往使具体工作人员无所适从影响工作。

6. 过多的兼职往往使工作人员难于掌握工作重点，使职能科室和施工项目经理部双方的工作都受到影响。

（五）工作队制的组织形式

这种形式主要是对施工项目管理而言，它不是企业的组织形式。

它是由企业领导支持施工项目管理组建项目经理部。项目经理部的工作人员可以从各个职能科室抽调或从其他地方商借、调剂。项目经理部的工作人员组建成工作队，接受施工项目经理领导直至工程项目全部完成，施工项目经理部解散，项目经理部的工作人员由公司人事部门重新安排工作。它的形式如图2-6所示。

这种形式适宜于大型工程项目和重点工程项目。项目经理部的组建和人员调动有赖于企业领导的支持，它的独立性很强，施工项目经理享有较大的自主权，贯彻了统一领导的原则。项目经理部的工作人员只接受施工项目经理的领导，有利于集中精力于项目的管理，采用这种形式的企业应该是大中型施工企业，它本身有较多较强的管理人才可供选择，加强施工现场的管理同时并不削弱企业的施工经营管理，抽调的工作人员都有较强的独立工作能力或专家，因此对于施工项目经理的人才选择要求就更高。否则难以使施工项目经理部成为战斗核心。

这种形式的缺点是工作人员有较长时间脱离原来的单位和部门，使原来按业务部门转达的专业知识和政策方针因调离原单位和部门容易产生信息中断传递而落后形势发展。

（六）事业部制的组织形式

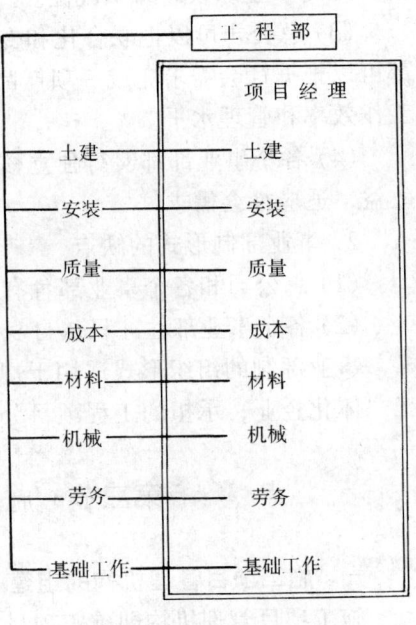

图 2-6 工作队制组织形式

事业部制的组织形式主要是企业管理的组织形式。事业部对企业来说是个职能部门，但是对外来说是事业部或相当于分公司的经理部。它的特点是总公司集中决策而事业部在总公司统一方针确定下的分散经营单位。这种组织形式的结构如图2-7所示。

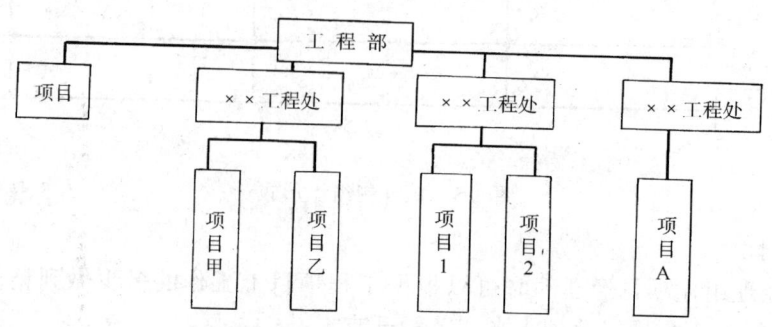

图 2-7 事业部制组织形式

这种形式的组织结构，把政策制订和行政管理分开的原则。总公司主要负责研究和制定公司的各种方针政策，而不直接管理各个事业部的日常具体的行政业务。各个事业部在总公司方针政策的控制下从事生产经营活动，充分发挥事业部的主动性和积极性。事业部的生产经营活动和组织机构设置也由事业部根据自身的生产经营情况而自行决定。

1．事业部制组织形式的优点

（1）把经营决策和日常行政业务分开可以使总公司集中精力调查社会、研究市场。使总公司既为社会服务创造社会效益，又为各个事业部提供社会需求的各种可靠信息，为事业部的发展提供先决条件。

（2）各个事业部领导有充分的自主权，可以发挥经营积极性、灵活性，适应社会的需要，提高事业部领导的积极性。

（3）总公司可以把联合化和专业化结合起来，形成多种经营的联合企业。而各个事业部可以根据社会需求完成一项产品或多项产品，使事业部实现高度专业化，提高事业部的工作效率和管理水平。

（4）各个事业部都实行独立核算、自负盈亏，可以根据盈亏调整经营方向，讲究经济效益，适应社会需求。

2．事业部制形式的缺点

（1）总公司和各个事业部各有一套职能管理机构往往会用人过多。

（2）各个事业部往往只从自身利益出发影响与其它事业部之间的协作关系。

事业部制的组织形式适用于规模较大、经营业务较多的联合集团企业，如设计——施工一体化企业；承担的工程项目分散在各地的建筑联合企业。

## 第三节 施工项目管理机构的组建与解体

### 一、施工项目管理机构的组建

施工项目管理机构即施工项目经理部，是在施工企业从建筑市场上通过投标或议标获得建筑施工任务，由企业领导通过任命、聘请或通过企业内部的竞争方式遴选施工项目经理后组建的。确立施工项目经理的地位在施工项目管理中具有非常重要的意义。任命、聘请和遴选合格和优秀的施工项目经理是施工项目管理成功的重要因素。

实行施工项目管理的建筑施工企业，施工项目经理部即为企业在施工项目上的管理层。施工项目经理对施工项目全面负责，因此必须授予与其责任相应的权力。在组建项目经理部过程中授予用人决策权，并协助将项目经理部的工作人员到位。这是施工项目管理的重要组织保证。

施工项目经理部的规模大小，人员多寡，组织机构的建立，规章制度的制订，应该由施工项目经理着手进行。组建程序和机构设置原则在第一节中已有说明。

### 二、施工项目经理部与各方面的工作关系

施工项目经理部成为施工项目的实际管理机构，在对内对外的各种关系上与传统模式都发生了深刻的变化。

（一）项目经理部与企业的关系，由原来单纯的领导和被领导关系而成为三种关系

1．在党务和行政上根据企业的管理制度仍旧是上级和下级，领导和被领导关系。

2．在经济往来上，由于企业和施工项目经理签订内部承包合同，因此企业和项目经理部成为平等的甲乙双方合同关系。

3．在业务管理上，施工项目经理部成为企业在项目上的管理层，要接受企业职能部门在业务上的指导，因此企业和项目经理部在业务上成为指导和被指导关系。

（二）项目经理部与分包的关系

由于实行施工项目管理，施工项目经理接受企业的授权成为企业在项目上法人代表的委托，项目经理部有权和分包单位和设备租赁单位签订各类合同，成为平等的合同关系，分包单位工作的好坏将直接影响到项目目标的实现和项目的经济效益，因此项目经理除了加强对分包单位的管理外必须加强对分包单位的服务职能。

（三）项目经理部内部工作关系

传统管理与施工项目管理不同之处在于施工项目管理强调优化组合和动态管理，强调岗位责任制和个人负责制，强调集体利益和个人利益相结合，强调一切纳入计划和掌握在控制范围之内。在组建项目经理部时不设多余的部门，不用多余的人员，动态过程根据新的情况及时调整，使每个人员都能满负荷发挥作用并能得到相应的报酬。项目经理部的工作人员不仅了解个人在岗位上的职责还应了解整个项目的作战计划和个人在集体中的作用。施工项目未曾正式开工前经过群众讨论制定施工准备工作计划，把正式开工后可能预计发生的事情事前都有准备，使一切工作都纳入计划控制范围之内。只有准备工作就绪，开工报告被批准才能正式施工，决不匆匆开工造成临时忙乱，只有纳入计划才能做到优化组合和动态管理。项目内的每个工作人员都应熟知施工项目承包合同、施工项目经理部的规章制度和施工项目组织设计规划。

### 三、施工项目经理部的解体

施工项目经理部是一次性的施工现场生产管理机构。在工程项目临近完成时施工项目经理部的工作人员和施工项目经理都要根据情况陆续撤走，因此必须做好施工项目经理部的解体工作和善后工作。

企业的职能部门中的"工程部"是企业管理施工项目经理部的主管部门，因此组建施工项目经理部和批准施工项目经理部解体是工程部的职责。

施工项目经理部在施工项目交与业主竣工验收签收后的十五天内可向工程部递交施工项目经理部解体申请报告。工程部应派员到施工项目上落实情况给于批复。

施工项目经理部解聘工作人员时应提前发给每个工作人员二个月的岗位效益工资及有关福利待遇，使他们到新的岗位有个选择的余地。

施工项目经理部申请解体时，不可能把剩余扫尾工作全部结束。因此须组建一个以施工项目经理为首的善后工作小组，其中包括与甲方工程款的结算，现场剩余材料的处理，以及与项目有经济往来应了未了事宜的处理，善后工作小组一般规定为三个月。从工程部批准之后算起。

根据有关规定建筑产品应有一年的保修期。因此施工项目经理部在财务结算并把财务上交给公司财务部门前，应根据工程保修合同预留比例上交公司工程部包干使用。

工程部会同其他职能部门对施工项目经理部进行评估落实承包责任制并收集有关资料建立档案以利于今后备查和总结经验教训。

## 第四节　施工项目管理的规章制度

**一、规章制度的意义和作用**

施工项目管理是项集体活动。集体活动是许多人为了完成一个集体目标的活动。许多人的活动都需要经过组织成为一个整体。在一个整体中的许多人需要有个行动准则才能使许多人的意志成为一个整体。规章制度就是使许多人的行为按照一定的行为准则进行活动。"没有规矩不能成方圆"指的要使任何事情成功必须要有规章制度，规章制度对集体活动中的每个人都有一定的约束作用。施工项目管理是项集体活动并且使项目管理只能成功不能失败，规章制度的建立是必不可少的。

施工项目管理的规章制度可以从两个角度来研究。一个是从企业角度来研究，另一个是从施工项目管理的角度来研究。

建筑施工企业的责任是从市场获得任务，为业主完成建筑产品的生产，同时在完成任务的基础上降低成本获取利润，为国家提供税金和为企业提供积累和提供发展基金。企业的规章制度应围绕着完成企业的任务而建立。另一个从施工项目角度研究。实行施工项目管理的施工企业，把从市场上获得的工程项目，通过适当方式遴选施工项目经理并通过授权把施工项目管理的责任和权利授与由施工项目经理为首的项目经理部使其成为施工项目管理的主体。规章制度应围绕着完成施工项目来制订，并且应该由施工项目经理部全体人员讨论制订。施工企业管理的规章制度和施工项目管理的规章制度虽然相互有密切联系，但是各自的目标不同，因此规章制度也有各不相同之处。施工项目管理的规章制度有更多的针对性。

**二、规章制度建立的原则**

规章制度的建立必须遵循以下原则：

1. 施工项目管理制度的建立必须符合党和国家的方针政策、法律、法令、规范、规程、地方政策的通知、实施细则和企业的规章制度。

2. 施工项目管理规章制度的建立必须严肃认真切实可行，在制定过程中充分吸收有关方面和有关人员的各种意见。但一经决定作为规章制度必须严肃认真地贯彻执行。规章制度时参与施工项目管理的人员都具有约束力，不能因人而异，更不能有了规章制度而不执行。

3．规章制度不宜经常和随意修改，但是情况发生变化后应及时修订。为了保持规章制度的严肃性必须在制订和修改规章制度时经群众讨论并经上级有关部门的审查批准。

### 三、施工项目管理制度的建立

一般项目的目标是时间、质量和费用三大目标。作为施工企业的目标应该是质量、工期、成本和安全四大目标，但是作为项目经理部的目标应该是质量、工期、成本、安全和现场管理五大目标。因此施工项目经理部规章制度的建立应该围绕这五大目标。另外从生产角度又应该从生产要素角度进行管理。施工项目管理的生产要素是劳动管理、材料管理、机械设备管理、资金管理和技术管理。

所有管理制度都是为了实现项目的目标，而实现目标中人是最主要的因素，为了调动工作人员的积极性需要建立岗位责任制和个人负责制以及对人员、岗位和部门建立奖励和惩罚制度。

## 复习思考题

1．什么叫组织？
2．施工项目管理的组织研究的是什么？
3．施工项目管理的组织职能包括哪些方面？
4．组织机构设置的原则和程序是什么？
5．组织结构有哪些主要形式？简述各自的优缺点。

# 第三章 项目的投标报价

工程项目的投标是与招标相对应的活动，即指施工企业为了获得工程项目的承包权而进行的一种经济活动。随着我国施工管理体制改革的不断深化，以及适应国际惯例与国际接轨的需要，引入竞争机制，实行招投标承包制，是施工企业必须重视的课题。

## 第一节 项目的承揽

施工企业的任务承揽与项目内部承包，是施工企业经营机制转换的关键问题，也是企业生存与发展的基础。随着社会主义市场经济体制改革的不断深入，施工企业的任务只能靠参与市场竞争来获取。任务取得后，实行项目管理制，既适应市场经济体制的要求，又能强化企业的动力机制，促使企业努力挖潜，改善经营管理，提高经济效益。所以施工企业的项目承揽，实行项目经理全面负责下的项目管理运行制，应从市场——企业——项目的运行角度予以高度重视，注意科学性和可操作性。

### 一、工程项目承揽意义

工程项目施工承包，是指承建单位（在合同中常简称乙方或承包商），以合同规定的条件完成工程施工任务来获取报酬的商务活动。发包是指建设单位（在合同中常简称甲方或业主），将其拟建的某项工程，按双方商定的实施方案和价格，委托承建单位来施工。这种经济关系的建立就称为承发包制。

80年代开始，我国逐步推行这种招标承包制。国家计划委员会等有关部门在1984年11月20日又颁布了《建设工程招投标暂行规定》，此后全国各省、市、自治区相应制定了与之相适应的建设工程招标投标的管理办法。目前招投标承包制已在全面普遍推行，当然在实行中还存在着一些问题，有待于在深化改革中不断地加以完善。

我国建设工程实行招投标制的时间虽然不太长，但从其促进建筑业的管理体制改革的效果来看，推行这项制度是非常必要的，其意义在于以下四个方面：

1. 促进建设工程项目严格遵循建设程序办事，克服盲目性和随意性

工程项目建设程序是指从项目的决策、设计、材料及设备采购，施工到竣工验收整个工作过程的先后次序。一个建设工程项目的建设，要进行多方面的工作，而这些工作必须按照一定的程序依次进行，才能达到预期的效果。建国40多年来，建设项目管理正反两方面的经验充分证明，严格按工程项目建设程序办事，投资效果就好；违反项目建设程序，投资效果就差，甚至造成重大损失。如有些工程不作可行性的调查分析，就拍板定案，没有设计任务书就搞设计，在实施过程中资金不足就上马，材料有缺口就发包，施工中任意修改设计，工程竣工后不经验收就使用，边勘察、边设计、边施工等混乱现象屡见不鲜，造成工期拖长，质量低劣，造价提高的严重后果。然而，建设工程项目实行招投标制，就会从根本克服混乱现象。如实行全过程招标，要有审批机关批准的项目建议书及所

需的资金；实行勘察设计招标，要有审批机关批准的设计任务及所需的资金；实行工程施工招标，必须有经过批准后的工程建设计划、设计文件等以及所需资金。因此，实行招标投标制，就在一定程度上保证了建设项目按程序办事，从而使建设工程循序渐进，克服混乱现象。

2. 促使建设工程按经济规律办事，提高项目的投资效益和企业的经济效益

实行招投标制，施工企业必须靠自己的能力参与市场竞争。作为建设单位来讲，对建设工程项目要求质量好、速度快、投资省，早日建成，投入生产和经营运行，以实现项目投资效益。而作为承建单位，则既要重视建设单位的要求，又要考虑在保证质量、工期的前提下，降低工程项目成本，取得良好的经济效益。另外，又要注重自身的经营管理，提高管理水平和企业的信誉，以求得最佳的投资效益和经济效益。

3. 促进市场经济体制的配套改革和生产经营运行机制的逐步完善

建设工程项目实行招投标制，涉及到计划、价格、物资供应、劳动工资等各个方面，因此，就必须对那些不能适应招投标制的现行计划体制、价格体制、物资供应体制、劳动工资体制进行配套改革，使企业的生产经营机制的运行符合市场经济体制的模式，并逐步完善。

4. 促进我国建筑企业进入国际市场，与国际惯例接轨，适应国际建筑市场的竞争

国际上的建设工程项目都已实行国际性招投标制度，即：FIDIC（菲迪克）文本中的具体条款已作明确规定，国际上已通用。要适应和进入国际建筑市场，就必须增强企业的技术、经济和管理实力。在开拓国内市场的同时，参与国际竞争和国际合作。在世界上国际工程咨询和国际工程承包是一个巨大的市场，每年合同额将达到2000亿美元以上，而这些合同都要通过竞争性招标才能获得。如世界银行贷款的项目，对贷款国的前提条件，就是实行全过程的国际性招投标制。我国的鲁布格水电站、京津塘高速公路等工程，均采用了国际性竞争招标，其结果不但保证了工程质量和工期，而且控制了投资，使我国建筑业学到许多国际惯例中的先进经验，从而也推动了我国招标制的进一步发展。

## 二、工程项目承揽的方式

施工企业承揽施工任务，通过市场投标竞争来获取，其方式是与招标方式相一致的。目前国际上采用的招标方式有公开招标和邀请招标两种。根据我国的具体情况，建设部颁发的《工程建设施工招标投标管理办法》规定，也可采用邀请协商，即称为议标的方式。

1. 公开招标

公开招标亦称无限竞争性招标。由业主在国内外主要报纸或专业性刊物，有的可在电视、广播上发布招标广告。凡符合规定的承包商都可以自愿参加投标。这种招标方式可以为所有的承包商提供一个平等竞争的机会，业主有较大的选择余地，有利于降低工程造价，提高工程质量和缩短工期，但是由于参与竞争的承包商可能较多，增加了资格预审和评标的工作量。

2. 邀请招标

邀请招标亦称有限竞争性选择招标。这种方式不发布广告，业主根据自己的经验或委托监理单位，对那些被认为有能力承担该工程的承包商发出邀请，一般3～10家（不能少于3家）前来投标。这种招标方式，不仅可以节省招标费用，而且能提高每个投标者的中标概率，所以对招标投标双方都有利。由于这种招标方式限制了竞争范围，把许多有竞争

能力的承包商排斥在外，为了弥补这一不足，国际上惯用的做法是在资格预审的基础上选择承包商。

3．邀请协商（议标）

议标亦称非竞争性招标或称指定性招标。这种方式是业主邀请一家，最多不超过两家承包商来直接协商，达成协议后将工程项目委托这家承包商承建。议标方式适用于工程造价较低，工期紧，专业性强的项目。其优点是节省时间，容易达成协议，缺点是无法获得具有竞争力的报价。

### 三、工程招标程序

1．编制招标件

招标文件是招标单位向投标单位介绍招标工程情况和招标的具体要求的综合性文件。因此，招标文件的编制必须做到系统、完整、准确、明晰，即提出要求的目标明确，使投标者一目了然。建设单位也可以根据具体情况，委托具有相应资质的咨询、监理单位代理招标。招标文件一般包括以下内容：

（1）工程综合说明书。包括项目名称、地址、工程内容、承包方式、建设工期、工程质量检验标准，施工条件等；

（2）施工图纸和必要的技术资料；

（3）工程款的支付方式；

（4）实物工程量清单；

（5）材料供应方式及主要材料、设备的订货情况；

（6）投标的起止日期和开标时间、地点；

（7）对工程的特殊要求及对投标企业的相应要求；

（8）合同主要条款；

（9）其他规定和要求。

招标文件一经发出，招标单位不得擅自改变，否则，应赔偿由此给投标单位造成的损失。

2．编制标底

标底是招标单位给招标工程制定的预期价格。它是招标工作的核心文件，是择优选承包单位的重要依据。国家规定，标底在开标前必须严格保密，如有泄漏，对责任者要严肃处理，直至法律制裁。标底在批准的概算或修正概算以内，由招标单位确定，但必须经招投标管理部门审查。目前，编制标底一般采用施工图预算的方法。

3．公布招标消息

采取公开招标的可以在广播、电视、报纸和专门刊物上登广告和通知。采取邀请招标的，可以向有能力的施工企业发出招标通知书。采取议标的，可以邀请两家有能力的施工企业直接协商。

4．投标单位资格审查

审查投标单位的资格素质，看是否符合招标工程的条件。参加投标单位，应按招标广告或通知规定的时间报送申请书，并附企业状况表或说明。其内容应包括：企业名称、地址、负责人姓名、开户银行及帐号、企业所有制性质和隶属关系、营业执照和资质等级证书（复印件）、企业简历等。投标单位应按有关规定填写表格。

招标单位收到投标单位的申请后，即审查投标企业的等级、承包任务的能力、财产赔偿能力以及保证人等，确定投标企业是否具备投标的资格。资格审查合格的投标单位，向招标单位购买招标文件。

5．组织现场勘察并答疑

在投标单位初步熟悉招标文件后，由招标单位组织各投标单位勘察现场，并解答招标文件中的疑问。

6．接受投标单位的标书

各投标单位编制完标书后应在规定时间内报送招标单位。

7．开标、评标、决标

（1）开标。招标单位按招标文件规定的时间、地点，在有投标单位、建设项目主管部门、建设银行和法定公证人参加下，当众启封有效标函，宣布各投标单位的报价和标函中的其他内容。

开标时应确认标书的有效性。标书也有无效情况，如：标函未密封；投标单位未按规定的格式填写或填写字迹模糊，辨认不清；未加盖本单位公章和单位负责人的印鉴；寄达时间超过规定日期等。

（2）评标、决标。招标单位对所有有效标书进行综合分析评比，从中确定最理想的中标单位。

确定中标企业的主要依据是，标价合理，有一整套完整的保证质量、安全、工期等的技术组织措施，社会信誉高，经济效益好。

评标决标的方法，可采用多目标决策中的打分法。首先确定评价项目和评价标准，将评价的内容具体分解成若干目标并确定打分标准；然后按各项目标的重要程度决定权数；最后由评委会成员给各个项目分别打分，用评分乘以相应的权数汇总后得出总分，以总分最高的作为中标单位。

8．签订工程承包合同

招标单位与中标单位双方，就招标中的商定条款用具有法律效力的合同形式固定下来，以便双方共同遵守。合同一般应包括的条款主要有：工程名称和地点；工程范围和内容；开、竣工日期及中间交工工程开、竣工日期；工程质量保证及保修条件；工程预付款；工程款的支付、结算及交工验收办法；设计文件及概、预算和技术资料提供日期；材料和设备的供应和进厂期限；双方相互协作事项；违约责任等。

## 第二节 工 程 投 标

工程投标是与招标相对应的活动，这是专指承包商（施工企业）为获得工程承包权而进行的经营活动。

### 一、投标的组织

承包商要参与工程投标，就必须有专门的机构和专职人员对投标的全部活动过程进行组织和管理。这就要求建立一个强有力的、内行的投标班子。

对于承包商来说，参加投标就如同参加一场赛事竞争。这场赛事竞争不仅比报价高低，而且比技术、经验、实力和信誉。特别是国标承包市场，工程越来越多的是技术密集型项目，这样势必给承包商带来两个方面的挑战，一是技术上的挑战，要求承包商具有先进的科学技术水平，能够完成高、新、尖、难工程；二是管理上的挑战，要求承包商具有现代化的组织管理水平，能以较低价中标，靠管理和索赔获利。

要适应这两个方面的挑战，在竞争中取胜，承包商的投标班子应该由以下三种类型的人才组成：

1. 经营管理类人才

所谓经营管理类人才，是指专门从事工程承包经营管理，制定和贯彻经营方针与规划，负责工作的全面筹划和安排，具有决策水平的人才。为此，这类人才应具备下述基本条件：

（1）知识渊博，视野广阔。经营管理类人员必须在经营管理领域有造诣，对其他相关学科也应有相当知识水平。只有这样，才能全面地系统地观察和分析问题。

（2）具备一定的法律知识和实际工作经验。这类人员应了解我国及国际上的有关法律和国际惯例，并对开展投标业务所应遵循的各项规章制度有充分的了解。同时，丰富的阅历和实际工作经验可以使投标人员具有较强的预测能力和应变能力，对可能出现的各种问题进行预测并采取相应的措施。

（3）必须勇于开拓，具有较强的思维能力和社会活动能力。渊博的知识和丰富的经验，只有和较强的思维能力结合，才能保证经营管理人员对各种问题进行综合、概括、分析，并作出正确的判断和决策。此外，还要参加有关社会活动，扩大信息交流，不断地吸收投标业务工作所必须的新知识和情报。

（4）掌握一套科学的研究方法和手段。如调查、统计、分析、预测等方法。

2. 专业技术类人才

所谓专业技术人才，是指工程设计及施工中的各类技术人员。如建筑师、土木工程师、电气工程师、机械工程师等各类专业技术人员。他们应拥有本学科最新的专业知识，具备熟练的实际操作能力，以便在投标时能从本公司的实际技术水平出发，考虑各项专业实施方案。

3. 商务金融类人才

所谓商务金融类人才，是指从事金融、贸易、采购、保函、索赔、保险、税法等专业知识方面的人才。财务人员要懂税收、保险、涉外财会、外汇管理和结算等方面的知识。

以上是对投标班子三类人员个体素质的基本要求。一个投标班子是一个组织系统，因此，需要各方的共同协作，发挥群体力量才能取得成功。另外，还需要注意的是保持投标班子成员的相对稳定，不断提高整体素质水平，开发有关投标报价软件，使投标报价工作快速、准确。如果是国际工程（包含境内涉外工程）投标，则应配备懂得专业和合同管理的翻译人员。

二、投标程序

1. 获取招标信息。承包商根据招标广告或通知，分析招标工程条件，再结合自己的实力，选择投标工程。

2. 申请投标。按照招标广告或通知的规定向招标单位提出投标申请，提交有关资料。

3. 接受招标单位的资格审查。

4. 审查合格的企业购买招标文件及有关资料。

5．参加现场勘察，并就招标中的问题向招标单位提出质疑。

6．编制标书。标书是投标单位用于投标的综合性技术经济文件。它是承包商技术水平和管理水平的综合体现，也是招标单位选择承包商的主要依据，中标的标书又是签订工程承包合同的基础。标书的内容应包括：

（1）标函的综合说明；

（2）按招标文件的工程量填写单价、单位工程造价和总造价；

（3）计划开、竣工日期及日历施工天数；

（4）工程质量达到的等级以及保证安全与质量的主要措施；

（5）施工方案以及技术组织措施和工程形象进度；

（6）主要工程的施工方法和施工机械的选择；

（7）临时设施需用占地数量和主要材料耗用量等。

编制标书是一项很复杂的工作，投标单位必须认真对待。在取得招标文件后，首先应组织人员仔细阅读全部内容，然后对现场进行实地勘察，向建设单位询问并了解有关问题，把招标工程各方面情况弄清楚，在此基础上完成标书。

7．封送投标书。

8．参加开标、评标、决标。

9．中标后，与建设单位签订工程承包合同。

建设工程招标投标是一项复杂而又细致的工作，招标投标的程序及相互关系可简要概括为图3-1所示。

### 三、投标的技巧

投标技巧研究分析，实质上是在保证工程质量和工期的条件下，寻求一个最佳的报价的技巧问题。承包商为了中标并获得期望的效益，投标程序全过程几乎都要研究投标报价技巧问题。如果以投标程序中的开标为界，可将投标的技巧研究分为两个阶段，即开标前和开标至签订合同时的技巧研究。

（一）开标前的投标技巧研究

1．不平衡报价

不平衡报价是指在总价基本确定的前提下，如何调整内部各子项的报价，以期既不影响总报价，又在中标后可以获取较好的经济效益。通常采用的不平衡报价有以下几种情况：

（1）对能早期结帐收回工程款的项目（如土方基础等）的单价可报以较高价，以利于资金周转，对后期项目（如装饰、电气设备安装）单价可适当降低。

（2）估计今后工程量可能增加的项目，其单价可提高，而工程量可能减少的项目，其单价可降低。

上述两点均需统筹考虑。对于工程量有错误的早期工程，如不可能完成工程量表中的数量，则不能盲目抬高单价，需要具体分析后再确定。

（3）图纸内容不明确或有错误，估计修改后工程量要增加的，其单价可提高；而工程内容不明确的，其单价可降低。

（4）没有工程量只填报单价的项目（如疏浚工程中的开挖淤泥工作等），其单价宜高。这样，既不影响总的投标报价，又可多获利。

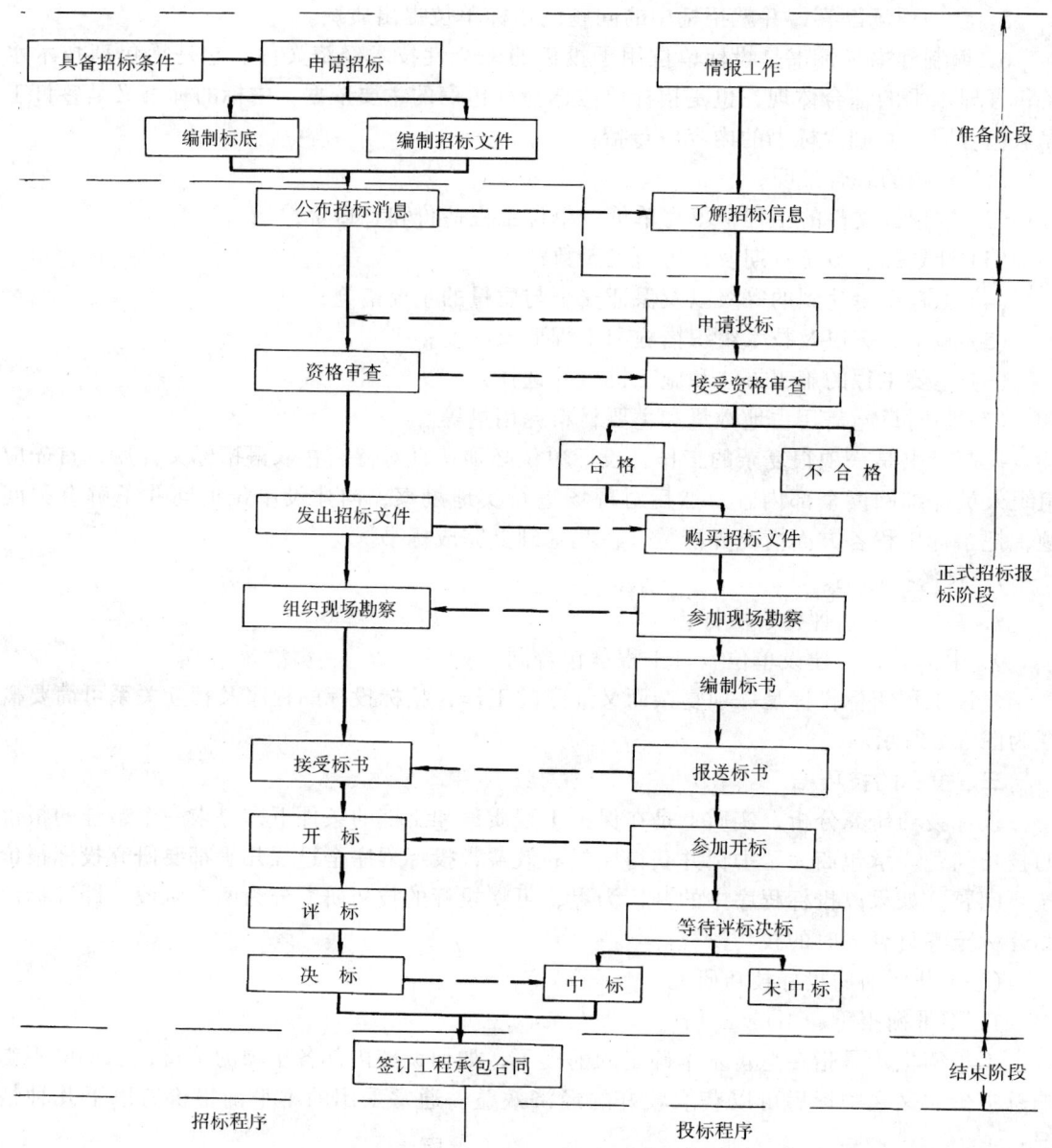

图 3-1 工程招投标程序

（5）对于暂定项目，其实施的可能性大的项目，价格可定高；估计该工程不一定实施的可定低价。

2．零星用工（计工日）

一般可稍高于工程单价中的工资单价。因为零星用工不属于承包总价的范围，发生时实报实销，也可多获利。

3．多方案报价法

若业主拟定的合同要求过于苛刻，为使业主修改合同要求，可提出两个报价，并且阐明按原合同要求规定，投标报价为某一数值；倘若合同要求作某些修改，可降低报价一定百分比，以此来吸引对方。

另一种情况，是自己的技术和设备满足不了原设计的要求，但在修改设计以适应自己的施工能力的前提下仍希望中标，于是可以报一个按原设计施工的投标报价（投高标）；另一个按修改设计施工的比原设计的标价低得多的投标报价，以诱导业主。

4．优势联合投标法

一家实力不足，联合其他企业分别进行投标。无论哪一家中标，都联合进行施工，取长补短提高竞争力。

5．其他

有突然袭击法、低投标价夺标法等方法。

（二）开标后的投标技巧研究

投标者通过公开开标这一程序可以得知众多投标者的报价。但是低价并不一定中标，需要综合各方面的因素，反复评审，经过议标谈判，方能确定中标人。若投标者利用议标谈判施展竞争手段，就可以变自己的投标书的不利因素为有利因素，大大提高获胜机会。议标谈判，通常是选2～3家条件较优者进行谈判。招标人可分别向他们发出通知进行议标谈判。

从招标的原则来看，投标者在标书有效期内，是不能修改其报价的。但是某些议标谈判可以例外。在议标谈判中投标技巧主要有：

1．降低投标价格

投标价格不是中标的唯一因素，但却是中标的关键性因素。在议标中，投标者适时提出降低价格要求是议标的主要手段。需要注意的是首先要摸清招标人的意图，在得到其希望降低标价的暗示后，再提出降价的要求。其次，降低标价也要适当，不得损害投标者自己的利益。降低标价可从三个方面入手，即降低投标利润、降低经营管理费和设定降价系数。

投标利润的确定，既要围绕争取最大未来收益这个目标而定立，又要考虑中标率和竞争对手的因素影响。通常投标者准备两个价格，即应付一般情况的适中价格，另外应付竞争特殊环境需要的替代价格，它是通过调整报价利润所得出的总报价。

经营管理费，应该作为间接成本进行计算。为了竞争的需要，也可以降低这部分费用。

降低系数，是指投标人在投标作价时，预先考虑一个未来可能降低的系数。如果开标后需要降价竞争，就可以参照这个系数进行降价；如果竞争局面对投标人有利，则不必降低标价。

2．补充投标优惠条件

在议标谈判的技巧中，除了考虑投标价格外，还应考虑其他的一些重要因素，如缩短工期，提高工程质量，降低支付条件要求，提出采取新技术、新工艺、新材料等，以此优惠条件争取得到招标人的赞许，争取中标。

## 第三节 工程成本估算与投标报价

### 一、工程成本估算

承包商在投标前,首先要估算出投标工程的成本,然后在此基础上再确定具体的投标报价,所以成本估算的准确与否关系到承包商投标的成败,同时也关系到企业的经营效果。

1．工程成本的组成

根据我国目前的有关制度规定,建筑安装工程成本主要由直接费和间接费两大部分构成。其中,直接费由定额直接费和其他直接费组成;间接费由施工管理费和其他间接费组成。

（1）定额直接费。包括人工费、材料费、施工机械使用费。

（2）其他直接费。包括超高增加费、冬、雨期施工增加费、夜间施工增加费、流动施工津贴费、材料二次搬运费、检验试验费、生产工具、用具使用费、工程定位复测、工程点交、场地清理费、配合联动试车费。

（3）施工管理费。包括工作人员工资、工作人员工资附加费、工作人员劳动保护费、职工教育经费、办公费、差旅交通费、固定资产使用费、行政工具用具使用费、流动资金贷款利息、其他费用（定额编制管理费、定额测定费、印花税等）。

（4）其他间接费。包括临时设施费、劳动保险基金、施工队伍调遣费等。

2．工程成本估算前的准备工作

（1）熟悉施工图纸,进行现场调查。在研究招标文件,熟悉施工图纸之后,预算人员还要亲临施工现场进行全面调查分析。包括施工现场的气象、水文、地质资料;地形、环境、地上、地下建筑和管线;运输条件;公用设施和生产要素供应条件等等。这些因素对成本估算影响较大。如相同的工程量,不同的土质就会产生不同的价格等。

（2）根据工程具体情况和本企业的技术、管理、职工队伍素质等条件,拟定初步的项目施工规划,包括主要工程施工方案和进度计划等。

（3）熟悉有关主管部门和地方的各项定额和本企业的内部定额。

（4）熟悉和掌握价格动态信息资料。

3．工程成本估算的步骤和方法

（1）计算和校核工程量。工程量是计算标价的基础。招标文件中都附有工程量清单,但不一定齐全正确。因此,承包商在确定标价之前,要核实其工程量。核对的内容主要有：项目是否齐全、工程量是否正确、工程施工中的用料是否与图纸相符等。校核的方法一般是重点抽查,即选择工程量大、造价较高的若干项按图纸计算,其他项目粗略计算,判断其是否基本合理即可。如果经校核发现工程量清单有重大出入,特别是漏项的,一般不能改正,但可以另附书面说明。

在校核和计算工程量时,一定要结合施工方案。恰当的施工方案会大大减少工程量。如在鲁布革引水工程的隧洞开挖中,日本大成公司采用全断面圆形开挖和全断面衬砌。仅此一项工程（直径为8m的隧洞）每米进尺比传统的马蹄形断面开挖的施工方法少挖 $7m^3$ 土石方和少使用 $7m^3$ 混凝土。计算工程量还必须注意遵守规定的计算规则,否则也容易造成漏项或重复计算。

（2）编制工程单价表。工程的单价必须同所采用的定额单位（工程量的计算单位）相符合。当以现行预算定额为基础来确定分部分项工程单价时，应根据本企业的施工技术和管理水平，以及以往的经验作适当的调整，使之低于定额消耗量，以提高竞争力。单价表包括：人工费；材料、设备费，施工机械台班费。

（3）测算综合管理费率及其他取费标准。在考虑各项管理费用的实际开支数额时，应结合工程的具体施工条件等因素以及施工方案，剔除不合理的因素。另外，又要结合当地的有关定额规定要求，测算出综合管理费率及有关其他取费标准，使之趋向于合理，增强报价竞争力。

**二、投标报价**

投标报价是投标过程的关键。确定标价过程，不仅要考虑当地的定额、取费标准、各种材料设备价格以及招标条件，而且还要考虑本企业的实际状况，估算出施工成本。同时也要了解可能的竞争对手。只有在全面掌握各种情况的条件下，才能作出正确的报价策略，获得中标的机会。

1．报价的主要依据

工程报价的依据主要有：设计图纸；工程量表；合同条件（有关工期，支付条件、外汇比例的规定）；有关法规；拟采用的施工方案及进度计划；施工规范和施工说明书；工程材料、设备的价格及运费；劳务工资标准；当地生活物资价格水平。此外，还应考虑各种有关间接费用。

2．投标报价的步骤

承包商通过资格预审，购买到全套招标文件之后，即可根据工程性质、大小、复杂程度等，组织一个经验丰富、决策强有力的班子进行投标报价工作。通常以单价合同报价，其主要步骤如图 3-2 所示。

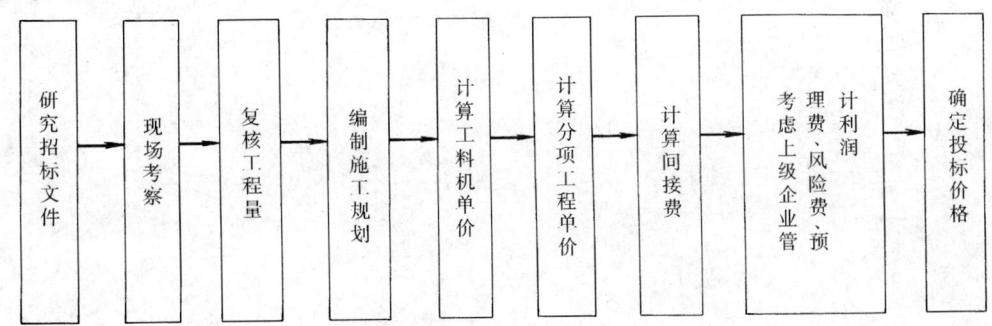

图 3-2 投标报价步骤

3．投标报价决策

标价是一种竞争价格，随着社会主义市场经济体制的深入发展，定价方法也将随之变动，总的变动趋势是要符合价值规律的要求，国家只是从宏观上控制，而具体工程的报价主要由承包商根据工程成本和市场竞争程度而定。因此，报价决策是一项反映企业综合素质的工作，从估价到报价既包含经济问题，又涉及到技术问题，工程标价的高低直接关系到企业能否中标和盈利。

工程标价由工程成本、利税和风险费几部分组成。其中风险费是为预防不可预见因素引起价格变动而增设的费用项目。当实际施工中发生此项费用时，即应摊入相应的成本项目，如果没有发生，则应成为企业利润，或按双方商定的合同条款，由双方共享。

在组成标价的各部分费用间的比例也有可能不尽合理，必须在具体分析之后作出相应必要的调整。

调整投标报价应建立在对工程盈亏预测的基础上。可以用类比方法，把工程的全部人工费、材料费、机械费、间接费分别汇总，计算出各种费用占总价的比例，或者算平方米造价，和以往类似工程相比，从中发现问题。可以用分析对比法，把工、料、机单价、分项工程基本单价和间接费互相对照，看是否有漏算、重复的项目，然后分析费用的各个组成部分，看哪些方面还可以通过采取某些措施降低成本、增加盈利。

在作出投标报价决策和确定报价策略之后，应组织算标人员重新修正报价计算书，按招标文件的要求正确编制投标文件，并在规定的投标日期和时间内报送投标文件。

总之，如何确定最终的报价，除了要全面考虑工程情况、业主的标底，竞争对手和本企业状况外，还要根据能够收集到的各种信息资料进行科学的定性定量分析，从而适当调整标价，提高中标率。

## 复 习 思 考 题

1．简述建设工程实行招投标承包制的意义？
2．建设工程招标的方式和招标的程序？
3．建设工程投标的程序？
4．标书有哪些主要内容？
5．工程投标报价的步骤有哪些？
6．简述工程投标报价决策的意义。

# 第四章 施 工 合 同

凡是施工企业在某一个工程项目所获取中标权后,即建设单位(业主)和施工企业(承包商)必须签订工程项目承包合同(施工合同)。签订施工合同的主要依据是《中华人民共和国经济合同法》和《中华人民共和国建筑安装承包合同条例》。而涉外工程项目,则应根据国际 FIDIC(菲迪克)文本中有关条例为主要依据签订。因此,作为承包商必须高度重视施工合同签订中的内容、条款、方法以及签订施工合同的全部过程。

## 第一节 施工合同的种类、内容和常用条款

### 一、概述

合同也称契约,是双方(或多方)当事人依法订立的有关权利义务的协议。

在社会主义市场经济体制逐步建立和健全过程中,国家通过立法制订法律、法规、条例、实施细则等一系列法律,形成了一个相对完整的法律体系。为了使经济活动有序进行,经济合同具有非常重要的作用。

《中华人民共和国经济合同法》是我国第五届全国人民代表大会第四次会议通过的,于 1982 年 7 月 1 日生效。随着我国的市场经济进一步健全和发展,原有条款有的与发展不相适应,因此于 1993 年 9 月 2 日在第八届全国人民代表大会常务委员会又通过了,关于修改《中华人民共和国经济合同法》的决定,并由江泽民主席以第九号主席令予以公布,并自公布之日起施行。

在完善法律的情况下,国务院制定了 13 个配套法规,即:
建设工程勘察设计合同条例(1983 年 5 月 8 日公布)
建筑安装工程承包合同条例(1983 年 8 月 8 日公布)
经济合同仲裁条例(1983 年 8 月 22 日公布)
财产保险合同条例(1983 年 9 月 1 日公布)
工矿产品购销合同条例(1984 年 1 月 2 日公布)
农村产品购销合同条例(1984 年 1 月 23 日公布)
加工承揽合同条例(1984 年 11 月 20 日公布)
借款合同条例(1985 年 2 月 28 日公布)
仓储保管合同实施细则(1985 年 9 月 25 日公布)
公路货物运输合同实施细则(1986 年 11 月 8 日公布)
水路货物运输合同实施细则(1986 年 11 月 8 日公布)
铁路货物运输合同实施细则(1986 年 11 月 8 日公布)
航空货物运输合同实施细则(1986 年 11 月 8 日公布)
各省、自治区、直辖市人民代表大会和常务委员会制定了近 20 个地方法规。

国务院各部委、局和各省人民政府制定了100多个规章和规范性文件。

建设工程承包合同是经济合同中的一种，指的是发包方（工程建设单位）与承包方（勘察设计单位或建筑施工企业）为完成商定的建筑工程项目，明确相互关系的协议。

工程建设一般需要经过勘察、设计、施工、安装四个阶段。建设单位（发包方）除了与总承包单位签订总承包合同外，也可分别与四种不同专业的单位，单独签订不同类型的承包合同。这就是建设工程勘察合同、建筑设计合同，建筑施工合同和设备安装合同。

施工合同是建设工程承包合同的一种，也属于经济合同。

**二、建设工程承包合同的特征**

建设工程承包合同除了具有一般经济合同的特征外，还有自己的特征。

（一）"标的物"的特征性

建筑工程承包合同的标的物是各类建筑产品。它的特征是：

1．产品的固定性。一般产品都是在固定地方生产，产品到流通的市场里实现交换，而建筑产品是固定的。产品的固定性带来的是生产的流动性。

2．产品的体积大，消耗的人力、物力、财力多。

3．建筑产品类别多，款式和用途各不相同，因此决定建筑产品只能单体生产。

（二）承包合同履行周期长，产生意外的问题多

由于建筑产品体积庞大，结构复杂，建造周期长，因此在整个建筑周期内，除了甲乙双方在签订的合同文本中应该明确注明外，还有一些问题需要在建造过程中相互协商一致。因此在履行合同周期内产生的问题多。

（三）建设工程承包合同涉及法律问题多

由于建筑产品使用的劳力、材料、设备数量多，建设单位往往根据专业分包给各个专业单位，即使建设单位交给施工总承包公司承包整个工程，建筑总承包公司也同样转包给各专业公司，所以同样涉及到各个分包的劳力、材料、机械设备、技术水平和管理水平，也影响到产品的质量、工期等问题，但这些问题都应由建筑公司来处理。这些问题都涉及到工程项目的工期、质量、费用，因此涉及的法律问题多。

**三、施工合同的种类**

在施工合同中，建设单位是发包方，施工单位是承包方，施工单位承包多少工程内容和采用什么形式承包，往往是由建设单位决定的。建设单位发包的形式多种多样，现在把施工合同的分类简述于后。

（一）按承包人所处的地位来划分

1．总承包

建设单位把整个建设工程全部交给一个施工单位承包。这种施工单位必须是具有总承包资质和能力的总承包公司。总承包公司可以把部分专业任务交给专业公司去分包，但是工程中的所有管理工作仍旧由总承包公司负责。总承包公司可为设计施工总承包，即所谓"交钥匙"工程。总承包公司也可为施工总承包，它承包的内容是土建施工和设备安装，但是不包括勘察设计。

2．分包

分包也可称分承包。承包单位从总承包单位分包部分专项工程，如电梯安装，土方工程等专业较强的工程项目。分承包单位只与总承包单位签订承包合同，它对总承包单位负

责,但总包单位对建设单位负责,因此总承包单位请分包单位应得到建设单位的同意。

3．独立承包

凡是工程项目不大,技术并不复杂的工程,建设单位往往只交给一家施工单位承包工程而不同意转包给其它分包单位。这家施工单位就是独立承包,它必须具有完成独立承包的资质和能力。

4．联合承包

联合承包是由二家以上的建筑企业联合起来承包一项建设工程项目。如设计施工联合承包,也有二家以上的施工单位联合承包建筑安装工程。二家以上的施工企业,联合组成承包单位,统一与建设单位签订合同。但参加联合承包的企业在该项工程上是联合承包,而在其它方面仍是各自独立、自主经营、独立核算。

5．直接承包

建设单位由于自己的管理力量比较强,往往把工程中的不同专业直接交于不同性质的专业施工单位进行直接承包,由建设单位直接管理,协调各个专业承包单位的关系。采用直接承包给各个不同专业施工单位的总费用,要比直接由总承包付出的费用要便宜得多。

(二) 按劳动和材料供应来划分

1．包工包料

这是一种较普遍采用的方式。承包工程的所有材料和人工都是由施工单位承包。

2．包工不包料

承包工程的施工企业负责施工中的全部技术工种和普工,并负责施工技术和管理,但不负责材料供应,而材料由建设单位负责供应。

3．包工及部分包料

承包工程的施工企业负责施工中的全部人工及部分材料,但其中有部分材料由总包单位或建设单位负责供应。

(三) 按承包时间和内容划分

1．建设全过程承包

这种形式往往是建设单位对总承包单位所采用的。建设单位提出竣工日期,要求总承包单位承包勘察设计、施工安装、材料供应、设备选购、直至竣工验收、试车投产。并负责对各个分包的监督和协调。

2．专项承包

建设单位或总承包企业把技术较强的项目交与专业施工企业,如高层基建、机械施工、设备安装、专业装潢等由专项技术的工程施工企业实行专项承包。

3．阶段承包

对于时间较紧张的工程,也有采用阶段承包的。如勘察设计阶段承包,规定应在一定时间内必须完成。施工安装阶段必须在规定时间内完成,定时正式生产或开张营业。

(四) 按获得承包任务的途径划分

1．投标竞争

施工单位在建筑市场上得知建设单位需要建造工程,通过招标和投标,在竞争中成为优胜者获得工程项目,通过谈判与建设单位签订施工承包合同。

2．委托承包

由于建筑施工企业在市场上有一定的知名度和信誉，建设单位主动寻找施工单位，建设单位与施工单位通过谈判协商取得一致意见，最后签订施工承包合同，称谓委托承包。

3．计划分配

各级政府对有些有特殊要求的工程项目，以计划分配形式交与施工单位，通过谈判协商取得一致意见，最后签订承包合同。

（五）按计价方式划分

不论何种类型的合同，最终总是以计价方式分清权利和义务。按计价方式签订的承包合同是最普遍的方式。

合同的计价是与承包合同的工程量（包括使用材料的质和量，机械设备的使用量和各种劳动力的使用量）密切相关。工程项目建设周期较长，在较长的时间里，变化的因素很多，物价的变动，劳动力价格、运输价格的调整、通货膨胀、政治形势和经济形势的变化都可以使物品的价格发生变动，因此确定承包合同的价格就十分重要。

计价方式划分承包合同主要有以下几种：

1．固定总价合同

建设单位按图纸和工程说明书为依据，与承包单位商定一个总价承包整个工程。这种形式只能在政治和经济形势较好的情况下签订。如果政治经济形势有重大变化的情况下，施工企业承担的风险因素较大，必须慎重考虑。但在总价合同中也包括风险因素，因此总价总是比一般市价更高一些。

2．实际成本加固定利润

这种承包方式按实际工程发生的成本加上商定的管理费和利润来确定工程总造价。采用这种形式的合同，往往是有特殊要求的工程，如赶工期的工程等。

3．实际成本加固定百分比

这种方式与实际成本加固定利润基本相同，不同的是建设单位并不付给固定数目的利润，而是以实际发生的费用加上一个固定的百分比作为管理费和利润。

4．单价合同

在签订承包合同时，一般需要有施工图。但是在某些情况下，往往施工详细情况还不是很清楚，因此不能正确计算出工程量，可以采用单价合同。其单价是按图纸的分部、分项来确定，经双方确认后签订单价合同。以后在实际施工中，完成多少工程量，按确认的单价计算出总价，结算出工程价款。

**四、施工合同的内容和主要条款**

（一）施工合同的内容

目前法律已经逐步健全，在建设工程施工合同方面，国家已公布了《建设工程施工合同》示范文本，并且已有统一编号。

建设工程施工合同示范文本由《建设工程施工合同条件》（以下简称《合同条件》）和《建设工程施工合同协议条款》（以下简称《协议条款》）两部分组成。

《合同条件》共有41条，是一般工程所共同具备的共性条款。在签订合同时必须对这些条款加以考虑，从而避免遗漏和表达不清。《合同条件》就是施工合同的通用条款。它适用于各类建筑工程，包括各类公用建筑、民用住宅。工业厂房、交通设施的施工及管道敷设和设备安装。

《协议条款》的制定是因为建设工程的特殊性和标的的单体性所决定的,建设工程的内容各不相同,造价也各有差异,发包方和承包方的条件、能力、施工现场环境千差万别,双方的权利和义务也各有特点。因此《合同条件》不可能适合于每个具体工程而需要修改补充。《协议条款》就是为了配合修改、补充提供一个协议格式。发包方和承包方可以根据工程实际情况把《合同条件》修改、补充和不予采用的意见按《协议条款》的格式形成协议。《合同条件》和《协议条款》都是双方统一意愿的体现,成为合同文件的组成部分。

为了使制定的《合同条件》和《协议条款》更好运用,还制定了《合同条件》和《协议条款》的使用说明,供发包方和承包方签订合同时参考。

合同示范文本的统一编号是"GF—××—××××"其中GF是"国"和"范"汉语拼音的第一个字母的大写,含义是:国家示范"。中间××标明示范文本发布年,后面×××的前两个字符指示范文本的种类,经济合同中的供销合同为01,建设工程施工合同为02,最后两个字符是该类合同发布以先后顺序排列。建设工程施工合同示范文本的编号是 GF—91—0201。

(二)施工合同的主要条款

根据《中华人民共和国经济合同法》和《建筑安装工程承包合同条例》的规定,签订建设工程施工合同应具备以下主要条款。

1. 工程名称和地点;
2. 工程范围和内容;
3. 开、竣工日期及中间交工工程开、竣工日期;
4. 工程质量保修期和保修条件;
5. 工程造价;
6. 工程价款的支付、结算及交工验收办法;
7. 设计文件及概、预算,技术资料提供日期;
8. 材料和设备的供应和进场期限;
9. 双方互相协作事项;
10. 违约责任;
11. 争议的解决方式。

由于建设工程施工合同标的物的特殊,合同执行期长,还有关于安全施工、专利技术使用、发现地下障碍和文物、工程分包、不可抗拒力、工程有无保险、工程停建或缓建等问题,都是建设工程施工合同的重要内容。

## 第二节 施工合同的洽谈与签约

**一、施工合同的洽谈**

开标以后,建设单位往往要选择2~3家投标的施工单位,对工程施工的有关技术问题、管理问题和价格问题进行谈判,然后在其中选择满意的中标者。这一过程往往要进行多次,习惯上称商务谈判。

施工单位的投标条件应提交施工组织设计,它包括施工方案、施工进度计划、主要技术组织措施，施工平面布置等一系列技术和管理资料。但业主要求商务谈判的目的是为了进一步了解各项技术措施是否合理，施工企业和施工项目经理部如何保证施工进度和保证质量安全，也可以对施工单位的施工组织设计提出修改意见。业主要求商务谈判的另一目的是审核施工图预算达到降低造价。

施工单位参加商务谈判的目的是宣传自己的技术优势和管理优势，如自己施工方案的先进合理部分，提出施工项目经理的资质和工作业绩，管理人员的数量和素质。也可以提出在设计中的不足之处，拟请增加项目和修改设计。争取改善合同条款，最后达到争取合理的价格。

由于建设单位与施工单位立场不同似乎很难取得一致意见，但是双方也有共同立场，都是为了建好工程项目。

商务谈判的次数和时间各不相同。有的建设单位开标后选择几家进行商务谈判，然后选中一家决定为中标者。有的建设单位采用标前谈判和标后谈判，这样选择的余地更大些。

对施工企业来说，参加商务谈判是项非常重要的工作。施工企业不仅要有实力建造好建设单位满意的工程项目，同时必须在商务谈判中成为优胜者。经过谈判，施工企业只有中标签订协议，才能在施工中发挥自己的技术优势和管理优势。

参加商务谈判，施工企业必须做好充分准备，不打无准备之仗。

首先必须选择优秀的谈判组长，组建谈判小组。承接工程任务是企业经营中的重要工作。特别对大中型企业的生存、发展和信誉有很大影响。企业的经营决策权属于企业领导。选派谈判组长，组建谈判小组以及谈判策略都必须由领导决定。一般是由企业经营部经理参加，重大工程也有企业经理亲自参加。

接着是分析建设单位和施工单位双方的情况，做到"知己知彼"。具体分析建设单位可能提出的问题和施工单位应付的策略，整理出谈判大纲，将施工单位拟请解决的问题按轻重缓急一一列出。对于建设单位提出的问题，哪些属于不能退让的，哪些属于可以退让的和退让到什么样的地步，哪些在一方面退让而在另一方面要有进取的，还有一些有待于今后可商量解决的，要拟定谈判最后要达到的目标。

再则是资料准备。对建设单位可能提出的问题，提供必要的资料，施工单位拟向建设单位索取各种资料的名称和内容以及施工单位的用处，同时施工企业向建设单位宣传自己技术上和管理上的各种优势资料。

谈判程序一般由建设单位提出的，但是施工单位可以根据情况增加内容。谈判的议程是在双方取得一致的情况下进行的。

谈判内容：

合同是双方或多方当事人依法订立有关权利和义务的协议。这个协议是双方确认的，因此在合同文本中使用的语言和文字必须写得明确、具体、责任分明，切忌使用一些含糊不清的用语。例如承包工程的范围包括施工、设备采购、安装和调试等。有的工程项目建设单位聘请专业单位施工，但是要求土建单位配合，在合同文本中必须明确配合的程度，配合的时间，配合应付的费用，否则在施工中就会发生矛盾，甚至影响正常施工、影响与建设单位和其它单位的关系。

在合同文本中切忌有这样的条款："承包商可以合理推知需要为本工程服务的一切辅

助工程。"这样的条款是引起争议的条款。什么是合理推知？双方可以各执一辞。应该争取写明"未列入本合同中的工程量表和价格清单的工程内容，不包括在合同总价内。"避免使用"一切工程"、"一切辅助工程"。

　　签订合同的双方是平等的，切忌在合同文本中出现不平等或歧视性的条款。例如有的业主对于工程进度特别关心，会有这样的条款"业主发现工程进度缓慢时，有权自行增加劳动力以加快进度，而支付劳动力的费用，应在承包工程款中扣除。"这样的条款侵犯了施工企业的管理权限。在有监理的情况下常常会出现这样的条款"工作必须使监理工程师满意"。这样的条款应该增加满意的具体范围，就是执行施工技术规范和合同条件范围之内。否则监理工程师会临驾于施工企业之上。

　　监理制度的实行是推动施工企业加强管理的重要措施，但必须要求监理工程师在施工现场密切配合施工，在合同文本的相应条款中应该明确责任。例如工程项目使用的材料样品应经监理工程师审查认可。这样的条款应该规定送交材料样品后几天内由监理工程师审批认可，如果超过期限不予答复应作为默许。如果以后再提出异议，要求更换材料品种，由此而影响的工期，由业主承担责任。如果已经订货而造成的损失，也应由业主承担。

　　另外监理工程师有权检查生产工序，但应规定检查和检验结果的答复期限，如果过时不予答复而影响下道工序进度，受影响的工期应在总工期内扣除。

　　监理工程师在现场使用的办公用房、交通工具、通讯设备、检验设备原则上应由业主供应。如协议中已规定由施工单位提供，就应明确注明办公室使用的面积，交通通讯工具的具体名称和数量，以及平时的修理保养费用和管理费用的开支，以及用后的归属问题。这些条款都应注明。施工企业应该争取由业主负责。甚至退让到施工单位支付一定的费用，但是具体的管理应由业主或监理自己负责。

　　关于质量方面的问题：

　　质量检查是监理的一项重要工作，施工单位必须严格按照操作规程进行操作，同时必须根据验收规范和验收标准进行自检，但是"规范"和"标准"并不是只有一种，在标准上有国家标准、地方标准，还有许多特殊工艺标准，因此必须在合同文本上明确注明采用何种标准，以及标准公布实施的年份，因为有的标准已经修改过多次。不能以"想当然"来进行工作，由于双方理解上的不一致，最后引起许多不必要的争执。

　　材料是建造工程使用量最多的东西，由于品种多、数量大、市场变化大、运输等问题，原来确定的材料，市场上一时不能买到，因此往往会出现材料代用问题。承包单位在合同文本中对某些特殊材料更应注意。例如关于贴面材料，在合同文本上写的"采用意大利赭色装饰石样品经甲方代表认可方能使用。"这样的条款是很可能引起争议的。事实上意大利的装饰石也有等级之分，高级与一般的在价格上相差很大，再加上颜色差别价格更是悬殊，要经甲方选样必定是选高级的和色彩鲜艳的，这会给施工单位造成经济损失。因此在这种特殊材料上须明确注明×级，什么品牌，以及采购渠道如：×地××公司经销的×级××品牌意大利装饰石。如订有这样的条款，事前须作充分了解，并了解其他供应渠道。

　　关于合同工期和施工工期：

　　首先要区别合同工期和施工工期。合同工期即双方或多方签订合同盖章交换后，并注明合同生效，一直至合同终止。施工工期是从开工一直到竣工验收交工和结算。在开工问题上有各种不同的理解。有的以施工现场按照"七通一平"交给施工企业为标准；有的以开工报告批准日为开始日；有的以批准施工单位的施工方案为开工；有的以施工队伍打桩开始为施工期开始；有的以挖土开始；有的以施工队伍进场为施工期开始。在竣工问题上也有不同理解。有的以竣工验收为竣工；有的以工程结算完成为施工期完成。合同期完成往往以合同保修期结束为合同期终止。这些都必须在商务谈判中加以明确。

施工工期有的以工作天计算，有的甚至以日历天计算。如按工作天计算就涉及大风、大雨、法定假日；如按日历天计算，所有都由施工单位负责，包括加班工资的开支。施工工期有提前竣工的奖励和延缓工期罚款的条款。有的合同还有现场交与施工单位后必须×天内开工的条款，如果不能按时开工将受到罚款处分，作为违约处理。开工条件的具备事实上不仅仅只有现场条件，因此在合同条款中应写明："如果开工前的工作由于业主准备不周不能算作开工，工期应该顺延。"

开工、竣工、施工工期、合同工期必须确切，施工单位必须引起重视，以免引起不必要的损失。

关于工程变更方面的问题：

工程项目是个生产周期长、内容众多、涉及面广的工作。在施工过程中必然会产生与原来设计有不符的情况要求修改设计，有的是建设单位要求修改，有的是施工单位要求修改。但是修改不能过多，应该有个限额，这个限额国际上有规定不得超过15％、20％、25％。但是应该注意修改后的价款结算，修改的时间应不影响工程进度，修改造成的损失应由谁负责。修改的资料应得到双方认同。

关于合同的价格、货币和交付方式问题：

不论是总价合同、单价合同和成本加酬金合同等任何形式的合同，投标时的合同造价与结算时的造价不可能是完全一致的。因为在整个施工过程中变动的情况很多，最后都会影响合同的价格。施工单位必须争取在合同条款中订立调整价格的条款。

修改设计，增加工程量，材料价格调整等都会影响合同的价格。另外由于业主的原因，使施工无法连续进行延缓了工期，除了要求调整工期外，还须增加误工损失。

在成本加酬金的合同形式中，成本的风险由业主承担。但必须明确哪些费用属于成本，哪些费用属于酬金，避免将来出现应该属于成本的费用而业主认为应该属于酬金，这样施工单位将受到损失。

外资工程还涉及到货币问题。它包括货币的兑换，货币和外汇的汇率和货币支付问题。施工企业应有金融意识、以维护施工企业的利益。

工程款支付问题，涉及支付时间、支付方式和支付保证。由于工程项目建设周期长，因此一般都是按阶段付款，支付的方式有：预付款、进度款、最终结算款和保留金退还四种。

施工单位在工程预付款上，要争取业主能提高百分比。这样可以减少开工时由于大量资金支出而向银行去贷款。在偿还预付款应争取与工程进度逐步扣除。在工程进度款支付上除了每月完成的工程量要求支付，还应包括到现场的材料费用和机械设备进场费用。最终结算款应在竣工验收后×天内付清，关于保修期的费用争取由银行担保来替代金额的扣留。在保留金上除了在开始时争取降低金额和百分比应该在竣工验收后全部退还。

商务谈判的内容应整理成文件，作为合同的附录，同样具有法律效力，但是必须双方签字认可。

商务谈判犹如战争中的战略问题和战术问题，应有策略问题，还有一个谈判艺术问题，不能在每个问题上"寸土不让。"但是也不能一味迁就。寸土不让必然使谈判失败，企业失去承包工程的机会。一味迁就可能在工程项目上中标，但工程建造完成后可能是一项亏本工程，甚至在施工过程中产生许多麻烦，工程无法正常进行。参加商务谈判者应该具有工程技术方面、经营管理方面、社会学方面、心理学方面和法律方面的知识。这些知识在谈判中综合运用。谈判技术也不是在课堂里可以学好的，必须在实践中锻炼"在战争中学战争"，但必须"知己知彼"。谈判中要做到具体问题具体分析，才能使谈判取得成功。

**二、施工合同的签约**

施工合同的签约是建设单位（发包方）和施工单位（承包方）在相互协商的基础上，对各自的权利和义务达到意见一致的最后成果。

合同文件的组成是：

1. 合同协议书及附录；
2. 中标函；
3. 投标书；
4. 合同条件第二部分——通用条件；
5. 合同条件第一部分——专用条件；
6. 规范；
7. 图纸；
8. 标价的工程量表。

协议书附录（或称备忘录）是商务谈判达成的意见，经双方法人代表授权委托的全权代表签字认可的，它同样具有法律效力，也是合同文件的重要组成部分。

## 第三节 施工合同的履行与管理

**一、施工合同的履行**

建设工程施工合同签约后，合同就成为具有法律效力的文件，建设工程发包单位和承包单位应该积极履行合同条款规定的各项权利和义务。任何一方无权擅自变更或解除合同，如果当事人中的任何一方违反合同规定称谓"违约"，就应承担造成对方经济损失的赔偿责任。

我国在进行社会主义市场经济体制改革中，对固定资产投资体制也进行了改革。对建设单位要求实行"建设工程项目监理制度。"对建筑施工企业要求实行"施工项目管理制度。"因此建设单位往往在建设实施阶段（施工阶段）聘请社会监理单位，协助建设单位进行建设工程项目管理，监督建筑施工企业做好建筑施工的各项工作。

根据《建设工程监理工作条例》社会监理单位受业主委托与业主签订合同，在工程建设全过程或某一阶段代表建设单位进行监督管理。但是另一方面社会监理单位又处于第三方的地位，依据工程合同有关的政策法规维护建设单位和施工单位双方的合法权益，调解有关各方之间的权益矛盾。现在监理制度已在全国推行，建设单位往往聘请监理单位协助进行建设工程项目管理。特别是在建设实施阶段（施工阶段）聘请监理更为普遍。因此在履行合同方面产生了新的关系。

施工单位与建设单位之间是承包方与发包方的关系，施工单位与监理单位并没有签订合同，但是建设单位聘请监理单位对建设实施阶段进行监理。因此在施工合同的履行和管理方面，施工单位与社会监理单位接触的地方较多，因此处理好与监理的关系就显得重要。

（一）建设单位的义务

1．建设单位必须把向监理单位的授权，用书面形式通知施工企业和施工项目经理部，包括监理单位的名称，总监理工程师，驻工地工程师及其他人员的姓名和职称。

2．由于总监理工程师并不常驻工地，因此总监理工程师必须把驻工地工程师及其助理用书面形式通知施工项目经理，并包括授与驻工地工程师的权限。那些经驻工地工程师签字即可作为监理认可。

3．监理工程师需要提交工作手册规定施工项目经理部需要提交检查的资料，包括工期、质量、安全、材料、分包、费用等方面和那些需要经监理工程师认可后方可继续施工，以保证工程质量。如基础工程、隐蔽工程资料。

4．现场的监理工作由监理工程师负责，但是业主仍有代表驻在现场，他的职责亦必须明确，有些工作必须由业主驻工地代表决定。如工程变更设计的批准，支付价款的审批，工期延长和多方的联系协调。

5．业主和监理向施工企业和施工项目经理部移交施工现场，包括现场的范围，现场应该做到"三通一平"（水通、电通、道路通和场地平整），满足施工需要的用水量、用电量和施工运输必须通道，并在协议条款上注明水和电接通到现场规定的地点，不包括施工现场内部的水通、电通和现场道路。现场资料还包括基准标高、基准线、工程地质资料。（包括地下管网线路资料）并要保证数据的真实正确。

6．业主和监理会同设计单位进行图纸会审，进行设计交底，并按合同条款规定提供施工图纸应有的数量和各种技术规范。

以上这些工作都必须在开工前创造条件，待条件成熟才能开工，如果匆忙开工，必然会使施工不能有序进行。由此造成的损失应由建设单位负责。

（二）施工单位和施工项目经理部的义务

1．施工单位和施工项目经理部应向建设单位和社会监理单位提供施工项目经理部的组织情况、各组室负责人的名单、工作人员的名单以及各人的岗位职责，以便今后在工作中的联系。

2．向业主代表和监理工程师提交施工计划（包括整体计划、月度计划、周计划）和付款计划（拟请建设单位筹措资金）每月付款表格（包括填写、审批、核付等手续）以利于进度价款的及时支付。

3．明确业主代表、监理工程师和施工现场联系的方式和会议制度。

4．按照协议条款规定提供各种资料，如工程项目月度计划、月度计划完成情况分析报告、各项技术措施、安全措施、安全事故分析报告、主要材料的质量保证书、材料分析、材料试验报告，隐蔽工程验收报告及各种资料、基础工程、结构工程分部分项验收资料和报告。如隐蔽工程等工序必须经监理验收合格批准后方能进行下道工序。

平时交验的资料齐全，为最后的竣工验收提供方便，施工单位必须作为一项专门工作，设有专人管理。

## 二、施工合同管理

1．施工合同是施工企业和建设单位签订的协议，但由于实行施工项目管理，施工企业授权给施工项目经理组建施工项目经理部，施工项目经理成为企业法人在该项目上的法人代表委托，是执行施工合同的全面、全权、全过程的负责人。在施工过程中发生的一切合同纠纷，施工项目经理有权代表企业处理一切事务。

2．施工项目经理在施工合同管理中的首要任务是组织施工项目经理部全体工作人员认真学习施工合同。特别是总工程师、总经济师、总会计师等施工项目管理的主要负责人要做到深入理解，严格执行，利用合同文件保护自己的利益，避免违背合同造成损失。同时要求每个工作人员明确自己的工作与合同相联系的主要方面，明确执行合同是每个工作人员的职责，做到分工落实，定期检查。有的可以将各人的职责列表公布，做到相互督促提醒。

3．严格执行合同内容之一是工期管理。涉及工期的内容在合同中有较多的条款如：开工、竣工、图纸、验收、停止施工、暂缓施工、不可抗拒力、材料供应、地下障碍和文物、工期付款等。

向业主和监理每月汇报的计划控制进度应该略高于合同控制进度，对于影响工期的各个因素必须记录在案。属于施工方面的如机械、材料、分包方面的问题应及时调度处理，属于业主方面的如开工条件、出图时间、交料时间、验收时间应及时向甲方代表和监理汇报。影响较小的，可以在召开的会议上解决，影响较大的，必须用书面形式通知对方。项目经理部要有资料员妥善保管资料，以备工程竣工验收和结算的需要，有的是顺延工期的依据，有的是结算赔偿的依据。还有一些"不可抗拒力因素"如暴风大雨，甲方和监理认可的应及时办理签证手续，同意顺延工期的备忘录，作为合同的补充协议。如甲方和监理不同意，一方面向上级公司汇报，争取公司出面为项目经理部工作，另一方面也应书面通知甲方与监理，以备以后再作处理。施工单位必须掌握足够的资料。如暴风大雨应请气象台出具证明。特别要引起注意是提出报告的时间，应该在情况发生后的当天（最多不超出5天）。在《建筑工程施工合同》示范文本第12条规定："对于因不可抗力、工程量变化和设计变更等造成竣工日期推迟的延误，经甲方代表确认，工期相应顺延，但乙方必须在以上情况发生后5天内就延误的内容和因此发生的经济支出向甲方代表提出报告。

4．质量管理是监理主要监督的内容之一。必须将有关资料交与监理工程师检查签证。如甲方提供的地质资料不能满足施工需要，施工单位再测的数据，施工放样及测量数据，各项实验报告、试验报告、安全措施，有的材料须事前交验材料样品，材料质量保证书，隐蔽工程、基础工程验收，有的施工工序要按照监理的指示，填写施工报表经监理确认后方能进行下道工序。质量验收要有专人负责与监理对口。特别要强调质量与工期对应。

5．严格监督分包的质量。对分包的质量必须按照施工企业与业主签订合同的质量相一致。不能因为分包只承包一部分工程而对质量标准有所降低。在分包合同中应明确由于质量而造成的损失，分包应负担总包所承包工程的全部而不是只承担分包的那一部分。

6．在竣工验收方面，施工项目经理部应把对所有资料准备齐全，为工程质量评定创造各种条件。它包括：地基、结构、装修、水、暖、电、卫、设备安装和施工各个阶段质量检查资料、分项工程、分部工程、单位工程、隐蔽工程验收资料、生产工艺设备调试和运转记录、吊装和试压记录、质量事故报告及处理结果。这些资料都须经过监理签证，作为竣工验收的技术资料。

7.《建设工程施工合同》《合同条件》第 40 条，对于合同生效和终止有明确规定："合同自协议条款约定的生效之日起生效。在竣工结算、甲方支付完毕，乙方将工程交付甲方后，除有关保修条款仍然生效外，其它条款即告终止，保修期满后，有关保修条款终止。"

在合同管理中有几个特别值得注意的问题：

（1）信息传递的方式和时间。建设工程实施阶段周期较长，涉及面广，在整个过程中产生大量的信息。施工单位与建设单位和监理有大量的工作联系和交流，有的以备忘录形式，有的以通知形式，有的以信函形式，有的以指令形式，有的以修改图纸技术核定单形式，有的是相互交流的资料传递。所有这些在执行合同方面都有牵连，有些在处理上还有时间界限，如不及时处理会被认为"默许"。因此必须有专人负责信息收发传递、处理和保管，避免遗漏和超过时限而得到不应有的损失。施工企业与施工项目经理部之间、项目经理部内部也有大量信息，建设信息处理流程，使工作有序是必不可少的。

（2）违约索赔问题。在施工合同履行过程中，签约双方中的任何一方不履行合同或不适当履行合同规定的义务使对方受到损失，受损失方有权向对方提出索赔要求。因此索赔是保护双方正当权益免受损失的正当权利。

在整个履行合同过程中发生违约的事情是常见的，有业主违约，也有施工企业违约。在签订施工合同过程中双方对权利和义务的阐述必须明确，不能含糊，在履行合同条款时必须严肃认真，对方违约必须使用索赔条款，维护自己的正当权益。

在国际上也有一种"索赔策略"。所谓索赔策略就是业主的各方条件都很严格，施工单位如果稍有疏忽就会造成违约，业主往往即刻提出索赔要求，使工程造价得到降低。"索赔策略"犹如足球场上的"越位策略"运用得好，可以使对方失去进攻的机会。如果业主使用"索赔策略"施工单位更要谨慎从事。

"索赔"是一门融社会科学和自然科学的边缘学科知识，涉及工程技术、工程管理、贸易、法律、财会、公共关系等许多专业知识，要在索赔和反索赔过程中学会综合运用。特别注意提请索赔要有可靠的证明材料。提请索赔的时间应该在发生违约的当时（各项要求各不相同，有 3 天、5 天、7 天、10 天、20 天不等），否则就失去效力。

## 复习思考题

1．按计价方式划分承包合同有哪几种？
2．合同文件由哪些内容组成？
3．合同条件和合同协议条件各有什么用处？
4．施工合同的主要条款有哪些？
5．施工单位与施工项目经理部的义务是什么？
6．如何进行施工合同管理？
7．简述违约索赔的概念及策略。

# 第五章 项目的施工规划

## 第一节 项目施工规划概述

施工项目在施工之前，必须要有一个全面、系统的规划。也就是说，施工之前需要落实的一系列工作中，最重要的一项工作就是抓好施工规划。在项目正式开工后，关键就是按既定的施工规划全面落实。

**一、施工项目实施规划体系**

施工项目实施，要有科学的规划，以便对工程施工中在人力、物力、时间和空间，技术和组织上作出一个合理而又经济的安排，以保证项目施工目标的实现。它是对项目施工活动实行科学管理的重要而又必不可少的手段。项目施工规划亦称施工组织设计。

施工组织设计是一个总的概念，根据施工项目的规模大小、结构特点、技术繁简程度和施工条件，编制相应不同范围和深度的施工组织设计，这样形成一环扣一环的施工组织系列，这种系列，即为施工项目施工规划体系。这个体系应包括：

1. 建设项目施工总体规划即施工组织总设计

它是以整个建设项目施工或区域开发工程的总体为对象编制的。由于管理主体不同，编制的范围、重点内容和要求，作用也不一样。施工企业项目管理中的施工组织总设计，一般是指承建住宅小区、大型工业建设的某一单项交工系统、高层建筑等。其目的是对整个工程的施工进行通盘考虑全面规划，用以指导项目经理部进行全场性施工准备和有计划地运用施工力量，开展施工活动，是整个建筑群或建设项目施工全过程各项施工活动的技术、经济和组织的综合性文件。

2. 单位工程项目施工规划即单位工程施工组织设计

它是以单位工程项目为对象编制的。单位工程施工组织设计，在工期、质量、成本和安全文明施工，现场标准化管理等方面，应服从于施工组织总设计的总体目标和要求。同时要从单位工程的具体施工条件出发，制订管理措施，以保证施工项目的施工管理目标的实现。单位工程施工组织设计，一般在施工图设计完成后，拟建工程开工之前，在项目经理部的技术负责人领导下进行编制，用以指导项目施工全过程的各项施工活动的技术、经济和组织的综合性文件。

3. 分部分项工程项目施工规划即分部分项工程施工组织设计

它是以分部分项工程为对象编制的。在大型工程项目施工中，由于各分部分项工程量大、技术复杂、质量要求高，或施工条件特殊的施工部位、工种的情况下，还必须编制独立的施工组织设计。如，大体积混凝土施工、结构安装、高级装饰等，作为单位工程施工组织设计的补充和深化。对于一般的分部分项工程或常规施工的分部分项工程，其施工方案、施工程序、施工进度等，则在单位工程施工组织设计中反映明确。分部分项工程施组织设计，一般是同单位工程施工组织设计的编制同时进行，用以具体实施其施工全过程的各项施工活动的技术、经济和组织的综合性文件。它也是项目经理部进行施工分包（包括机械作业分包、部位分包）和签订施中作业合同的基础及发包条件。

## 二、施工项目施工规划的作用

施工项目施工规划是根据国家或业主对拟建工程的要求、设计图纸和编制项目施工规划的基本原则，从拟建工程施工全过程中的人力、物力、时间和空间等要素着手，进行科学地、合理地部署，为建筑产品生产的节奏性、均衡性和连续性提供最优方案，从而以最少的资源消耗取得最佳的经济效果。使最终建筑产品的生产达到高速度、高质量、高水平、低成本的目的。

施工项目施工规划是指导拟建工程从施工准备到竣工验收全过程的一个综合性文件；是沟通工程设计和施工之间的桥梁；是施工准备工作的重要组成部分；是施工过程实行科学管理的重要手段；是编制施工预算和施工计划的主要依据。

因此，编制施工项目施工规划，对于按科学规律组织施工，建立正常的施工程序，有计划地开展各项施工过程；对于及时做好各项施工准备工作，保证劳动力和各种资源的供应与使用；对于协调各施工单位之间、各工种之间、各种资源之间以及空间布置与时间安排之间的关系；对于保证施工顺利进行，按期、保质保量完成施工任务，取得更好的施工经济效益等，都将起到重要的、积极的作用。

## 三、施工项目施工规划的内容

施工项目施工规划的内容即施工组织设计的内容，取决于它的任务和作用。因此，它必须根据施工项目的不同特点和要求，根据施工条件，从实际出发，决定各生产要素的结合方法和这种结合方式的时间和空间关系以及要素种类、数量和供应时间与方式。由于施工项目规模不同，施工组织设计的种类也不同，其内容多少和繁简上也不完全相同，但是，无论哪一类施工组织设计的内容都有共同的方面，即：

1. 基本内容

基本内容包括施工组织设计的施工方案、施工进度计划和施工平面图布置。它是组成施工组织设计的最基本框架，是最主要的部分。它起着控制拟建工程施工全局的指导作用，有较强的制约性。

2. 配套内容

配套内容是指从基本内容进一步演化或推导出来的，为了说明拟建工程中某个局部问题而编制的辅助计划。它必然依附于基本内容，如施工准备工作计划、劳动力或机械需用量计划、各类资源需用量和供应计划等。配套内容包括经济指标和某些定量指标，如，施工图预算和施工预算的编制。

3. 增变内容

增变内容是指在特定条件下，对基本内容和配套内容的补充。如，冬雨期施工时技术组织措施，高空作业的安全措施、文明施工的组织措施等等。增变内容是不定型的，随特定条件而变化。

## 四、施工项目的施工规划编制

1. 当拟建工程中标后，施工单位必须编制建设工程施工组织设计。建设工程实行总包和分包的，由总包单位负责编制施工组织设计，分包单位在总包单位的总体部署下，负责编制分包工程的施工组织设计。施工组织设计应根据合同工期及有关的规定进行编制，并且要广泛征求各协作施工单位的意见。

2. 对结构复杂、施工难度大以及采用新工艺和新技术的工程项目，要进行专业性的研究，必要时组织专门会议邀请有经验的专业工程技术人员参加。

3. 在编制过程中，要充分发挥各职能部门的作用，吸收他们共同参与编制和审定；充分利用施工企业的技术素质和管理素质，统筹安排、扬长避短、发挥施工企业的优势，合理地进行工序交叉配合的程序设计。

4. 当比较完整的施工组织设计方案提出之后，要组织参加编制的人员及单位进行讨论，逐项逐条地研究，修改后确定，最终形成正式文件，送主管部门审批。

## 第二节 施 工 方 案

施工方案是施工组织设计的核心部分。根据合同规定和设计要求，解决如何把各种生产要素优化结合的问题，确定一个合理的结合方式，也就是选择一个切实可行的施工方案。因此，它是带有决策性的重要环节。

### 一、施工方案制定的基本要求

施工方案的制定，对整个施工企业项目管理的全局产生影响，它是施工组织的基础。因此，在制定施工方案时应遵循以下基本要求：

1. 切实可行

制定施工方案，首先必须从实际出发，一定要切合实际，有实现的可能。为此，在制定方案前，要深入细致地做好调查研究工作，掌握主客观情况，进行反复的分析比较。施工方案的优劣标准，不在于它的技术是否先进或工期是否最短，而首先在于它是否切实可行。只有在切实的范围内尽量求其先进和合理，才能使现实不脱离实际。

2. 满足实现项目施工目标的要求

施工项目的目标，包括基本目标（质量、工期、成本）、经济效益目标（总产值、利税总额、资金利税率、劳动生产率）、项目目标的实现是施工企业效益的保证。因此，在施工方案选择时，要满足项目施工目标的要求。保证竣工时间上符合合同规定，并争取提前完成。在制定施工方案时，在施工组织上统筹安排，照顾到均衡施工的同时，优化生产要素使施工成本降低，以增加施工的盈利。

3. 确保工程质量和安全

在制定施工方案时，要充分考虑到工程质量和生产安全，提出施工方案时，要同时提出相应的保证施工项目的质量和安全措施，使施工方案完全符合技术规范和安全规程的要求。

以上几个方面是一个统一的整体，不可分割。在制定施工方案时要通盘考虑。

### 二、施工方案的主要内容

施工方案合理与否将直接影响工程的施工效率、质量、工期和技术经济效果，因此必须引起足够的重视。

施工方案的主要内容一般包括：确定施工程序和顺序（包括流水施工起点流向，流水施工段的划分）、选择主要分部分项工程的施工方法和施工机械。

(一)单位工程施工中应遵循的程序

1．先地下、后地上

指的是在地上工程开始之前,尽量把管道线路等地下设施和土方工程、地下结构工程、地下防水工程等做好或基本完成。以免对地上工程有干扰,带来不便,造成浪费,影响质量。

2．先主体、后围护

主要指框架结构,应注意在总的程序上有合理的搭接。

3．先结构、后装修

一般是指先进行主体结构施工,后进行装饰工程施工,对于多层民用建筑工程结构与装修以不平行搭接为宜,而高层建筑的结构与装饰应尽量平行搭接施工,以有效地节省时间。

4．先土建、后设备

就是说不论是工业建筑或民用建筑,土建与水暖电卫设备的关系都要摆正。但它们之间更多的是穿插配合的关系,尤其在装饰阶段,应处理为各工种之间的协作配合关系。

关于土建施工与设备安装程序的安排,有三种施工程序：

(1)封闭式施工。指土建主体结构完成之后,即可进行设备安装的施工程序。如,一般机械工业厂房、精密仪表厂房,要求恒温恒湿的车间等,应在土建装饰工程完成后才能进行设备安装。

(2)开敞式施工。指先安装工艺设备,后建厂房的施工程序。如,某些重型工业厂房、冶金车间、发电厂等,设备体积与重量大。

(3)设备安装与土建施工同时进行。指当土建施工为设备安装创造了必要的条件,同时又采取能够防止被砂浆、垃圾等污染的措施时,设备安装与土建施工可同时进行。如,建造水泥厂时,经济上最适宜的施工程序是两者同时进行。

(二)单位工程流水施工起点流向

施工起点流向是指竖向空间及平面空间上施工开始的部位及展开方向。对于单层建筑物,如单层厂房,按其车间、工段或跨间,分区分段地确定出平面上的施工流向;对于多层建筑物,除了确定出每层平面上的施工流向外,还要确定竖向的施工流向。例如,多层房屋内墙抹灰施工采用自上而下,还是自下而上地进行。它牵涉到一系列施工活动的开展和进程,是组织施工的重要一环。

确定单位工程施工起点流向时,一般应考虑以下几个因素：

(1)根据建设单位的要求,生产上或使用上要求急的工段或部位先施工。对于高层民用建筑,如饭店、宾馆等,可以在主体结构施工到相当层数后,即进行地面上若干层设备安装与室内外装饰。

(2)根据单位工程各分部分项施工的繁简程度,一般说对技术复杂,施工进度较慢,工期长的工段或部位应先施工。

(3)当柱基、设备基础有深浅时,一般应按先深后浅的施工流向;当有高低层或高低跨并列时,柱的吊装应先从并列处开始。屋面防水层的施工,当有高低层(跨)时,应按先高后低的方向施工,一个屋面的防水层,则由檐口到屋脊方向施工。

(4)多层砖混结构工程主体结构施工的起点流向,必须从下而上,从平面上看,哪一边先开始均可以。对装饰抹灰来说，外装饰一般要求自上而下，内装饰则可以自下而上、自上而下两种流向。从施工工期要求来说，如果很急，工期短，则内装饰宜从下而上地进行施工。

（5）根据工程条件，选用施工机械（挖土机械和吊装机械），这些机械开行路线或布置位置便决定了基础挖土及结构吊装的施工起点流向。

（6）划分施工层、施工段的部位，如伸缩缝、沉降缝、施工缝等也可决定施工起点流向。

（三）分部分项工程的施工顺序

施工顺序是指施工过程或工序之间的施工先后次序，它的确定既是为了按照客观的施工规律组织施工，也是为了解决工种之间在时间上搭接问题，在保证质量与安全施工的前提下，做到充分利用空间，争取时间，缩短工期的目的。确定合理的施工顺序应遵循的原则：

（1）必须符合施工工艺的要求。各个施工过程之间客观上存在着一定的工艺顺序关系，随着房屋的结构和构造的不同而不同。施工顺序决不能违背这种关系。例如，砖混结构住宅的施工（楼板为预制），则应先把墙砌到一个楼层高度后，才能安装预制楼板；全框架结构可以等框架全部施工完再砌砖墙，而内框架结构只有待外墙砌筑与钢筋混凝土柱都完成后，才能浇筑梁板。

（2）必须考虑施工方法和施工机械的要求。考虑施工顺序时，要注意与该工程的施工方法和所选择的施工机械协调一致。例如，装配式单层工业厂房的施工，如果采用分件吊装法，施工顺序应该是先吊柱，再吊装吊车梁，最后吊装屋架和屋面板；如果采用综合吊装法，则施工顺序应该是按节间为单元，把一节间的全部结构构件吊装完成之后，再依次吊装另一间的构件。

（3）必须考虑施工组织的要求。有的施工顺序可能有几种方案，就应从施工组织的要求进行分析比较，选择出最经济合理的方案。例如，地下室的混凝土地坪的垫层和面层，可以在地下室上层楼板铺设以前施工，也可以在此以后再施工。但从施工组织的角度上来看，前一方案比较合理，因为它便于利用安装楼板的起重机械向地下室运送混凝土，施工的工作面也大得多，组织施工也比较灵活。又如，多层框架结构工程完成后，由于框架承受围护墙的荷载，砌筑框架间各层墙体时，可以自下而上逐层先砌内墙后砌外墙的施工顺序。如果内装饰工程采取自顶层开始自上而下进行施工的顺序，则应相应地采取自上而下的砌筑顺序，不仅使砌墙工程与装饰工程在流水方向保持一致，而且也为屋面防水工程及早进行创造了条件。

（4）必须考虑施工质量的要求。如基坑回填土，特别是从一侧进行室内回填土，必须在砌体达到必要的强度或完成一结构层的施工后才能开始，否则砌体的质量会受到影响。又如屋面防水层施工，必须等找平层干燥后才能进行，否则将影响防水工程的质量。

（5）必须考虑当地气候条件。如雨期和冬季来临之前，应先做完室外各项施工过程，为室内施工创造条件。冬季施工时，可先安装门窗玻璃，再做室内地坪及墙面抹灰，这样有利于保温和养护。

（6）必须考虑安全施工的要求。如在多层砖混结构施工中，只有完成两个楼层板的铺设后，才允许在底层进行其他施工工艺的操作。又如，脚手架应在每层结构施工之前搭好。

**1. 多层砖混结构的施工顺序**

多层砖混结构的施工，一般可划分为：基础（包括地下室结构）、主体、屋面、室内外装修、水电暖卫气等管道与设备安装工程。若按施工阶段划分，可分为：基础（地下室）、主体结构、屋面及装修与房屋设备安装三个阶段。各施工阶段及其主要施工过程的施工顺序见图5-1所示。

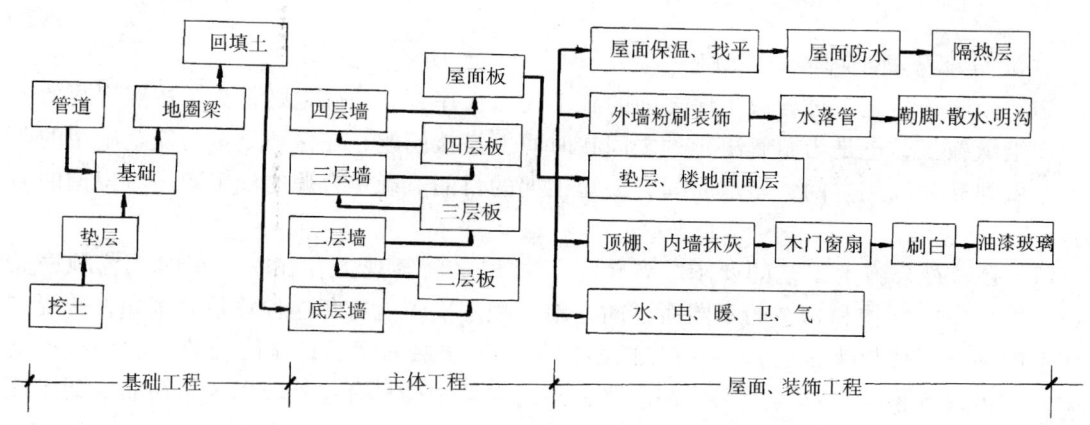

图 5-1　砖混结构住宅施工顺序示意图

（1）基础阶段的施工顺序。这个阶段的施工过程与施工顺序，一般为：挖土→垫层→基础→防潮层→回填土。这一阶段挖土和垫层在施工安排上要紧凑（或合并为一个施工过程）间隔时间不宜太长，以防下雨后基（槽）内积水，影响地基的承载能力。还应注意垫层施工后的技术间歇时间，使之具有一定的强度后，再进行后道工序的施工。如有桩基础，则应另列桩基工程施工。如有地下室，则在垫层完成后进行地下室底板、墙身施工，再做防水层，安装地下室顶板，最后回填土。各种管沟挖土、铺设等应尽可能与基础施工配合，平行搭接进行。回填土一般在基础完工后一次分层夯填完毕，以便为后道工序施工创造条件。室内房间地面回填土，如果施工工期较紧，可安排在内装修前进行回填。

（2）主体结构阶段施工顺序。这个阶段施工过程包括：搭脚手架及垂直运输设施，砌筑墙体、现浇钢筋混凝土圈梁和雨篷、安装楼板等。在主体结构施工阶段，砌墙和吊装楼板是主要施工过程，它们在各楼层之间先后交替施工，而各层现浇混凝土等分项工程，与楼层施工紧密配合，同时或相继完成。组织主体结构施工时，尽量设法使砌砖连续施工。通常采用划分流水施工段的方法，就是将拟建工程在平面上划分为两个或几个施工段，组织流水施工。根据每个施工段砌砖工程量、工人人数、垂直运输量及吊装机械效率等计算确定流水节拍的大小，而其它施工过程则应配合砌墙流水，搭接进行。如脚手架搭设及楼板铺设应配合砌墙进度逐段逐层进行；其他现浇构件的支模、扎筋可安排在墙体砌筑的最后一步插入，与现浇圈梁同时进行；预制楼梯段的安装必须与墙体砌筑和楼板安装紧密配合，一般应同时或相继完成。当采用现浇楼梯时，更应注意与楼层施工紧密配合，否则由于混凝土养护的需要，后道工序将不能如期进行，从而延长工期。

（3）屋面、装修、房屋设备安装阶段的施工顺序。这个阶段的特点是施工内容多，繁而杂；有的工程量大而集中，有的则小而分散；劳动消耗量大，手工操作多，工期较长。

屋面保温层、找平层、防水层施工应依次进行。刚性防水屋面的现浇钢筋混凝土防水层、分格缝施工应在主体结构完成后开始并且尽快完成，以便为顺利进行室内装修创造条件。一般情况下，它可以和装修工程搭接或平行施工。

装修工程可分为室外装修和室内装修。室外装修工程均采用自上而下的流水施工顺序。即从檐口开始，逐层往下进行，当由上往下每层所有工序都完成后，即开始拆除该层的脚手架，散水、台阶、明沟等在架子拆除后进行施工。

室内装修工程有自上而下和自下而上两种顺序。

室内装修工程自上而下的顺序，通常是指主体结构工程封顶，做好防水层以后，由顶层开始逐层往下进行。这种顺序的优点是主体结构完成后，有一定的沉降时间，做好屋面防水层后，可以防止雨水渗漏。因此，可以保证装修工程质量。另外，这种施工顺序，各工序间交叉少，影响小，便于组织施工，有利于保证施工安全，且清理也很方便。其缺点是不能与主体结构施工搭接，因此，工期拖得较长。

室内装修自下而上的施工顺序，指主体结构工程的墙砌到 2～3 层以上时，装修工程从一层开始，逐层往上进行。这种顺序的优点是可以和主体砌墙工程搭接提前施工。其缺点是工序之间交叉多，需要很好安排并采取安全措施。当采用预制楼板时，板缝往往填灌不实易渗漏施工用水，且板靠墙一边易渗漏雨水。为此在上下两下相邻楼层中，应采取抹好上层地面，再做下层天棚抹灰的施工顺序。

高层建筑室内抹灰工程适用自中而下再自中而上的施工顺序，它综合了上述两者的优缺点。

室内装修工程与室外装修工程的施工顺序通常互相干扰很小，哪个先施工，哪个后施工，或者同时进行都可以，应该视施工条件而定。

房屋设备安装工程的施工可与土建有关分部分项工程交叉施工，紧密配合。例如：基础阶段，应先将相应的管沟埋设好，再进行回填土；主体结构阶段，应在砌墙或现浇楼板的同时，预留电线、水管等孔洞或预埋木砖和其它埋件；装修阶段应安装各种管道和附墙暗管、接线盒等。水暖煤卫电等设备安装最好在楼地面和墙面抹灰之前或之后穿插施工。室外上下水管道等施工可安排在土建工程之前或土建工程同时进行。

2. 单层装配式厂房的施工顺序

单层装配式厂房的施工，一般可分为基础、构件预制、吊装、围护结构、屋面、装修及设备安装等分部工程。各个阶段的施工顺序，见图 5-2 所示。

(1) 基础阶段的施工顺序。这个阶段的施工过程和顺序是：挖土→垫层→杯形基础（也可以分为扎筋、支模、浇混凝土等）→回填土。如采用桩基础，可另外列一个施工阶段。

对厂房内的设备基础，应根据不同情况，采用封闭或开敞式施工。

(2) 预制阶段的施工顺序。这个阶段主要包括一些重量较大，运输不便的大型构件，如柱、屋架、吊车梁等的现场预制。可采用先柱后屋架或柱、屋架依次分批预制的顺序，这取决于结构吊装方法。现场后张法预应力屋架的施工顺序是：场地平整夯实→支模（地胎模或多节脱模）→扎筋（有时先扎筋后支模）→预留孔道→浇筑混凝土→养护→拆模→预应力钢筋张拉→锚固→灌浆。

(3) 吊装阶段的施工顺序。这个阶段的施工顺序取决于吊装方法。采用分件吊装法

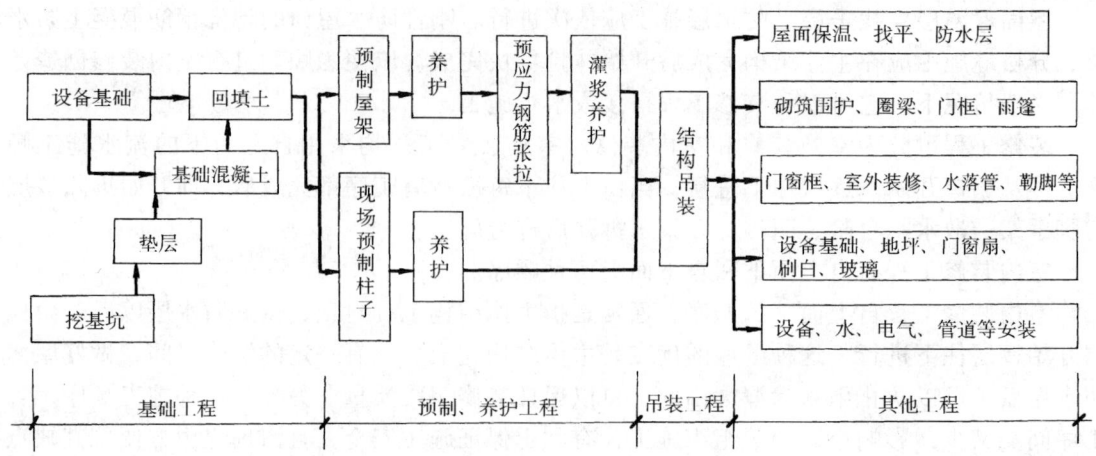

图 5-2 单层工业厂房施工顺序示意图

时,其顺序一般是:第一次开行吊装柱,并进行其校正和固定;第二次开行吊装吊车梁、连系梁、基础梁等;第三次开行吊装屋盖构件。采用综合吊装法时的施工顺序一般是:先吊装一、二个节间的4~6根柱,再吊装该节间内的吊车梁等构件,最后吊装该节间内的屋盖构件,如此逐间依次进行,直至全部厂房吊装完毕。抗风柱的吊装,可采用两种顺序:一是在吊装柱的同时先安装同跨一端抗风柱,另一端则在屋盖吊装完毕后进行;二是全部抗风柱的吊装均待屋盖吊装完毕后进行。

(4)围护、屋面及装修阶段的施工顺序。这个阶段总的施工顺序是:围护结构→屋面工程→装修工程,但有时也可互相交叉平行搭接施工。

围护结构的施工过程和顺序:搭设垂直运输机具。砌砖墙(脚手架搭设与之相配合)。现浇门框、雨篷等。砌墙时,木门窗框可以同时安装。

屋面工程在屋盖构件吊装完毕,垂直运输机械搭好后就可安排施工,其施工过程和顺序与前述砖混结构基本相同。

装修工程包括室内装修(包括地面、门窗扇、玻璃安装、油漆、刷白等)和室外装修(包括勾缝、抹灰、勒脚散水等),两者可平行施工,并可与其他施工过程交叉穿插进行。室外抹灰一般自上而下;室内地面施工前应将前工序全部做完;刷白应在墙面干燥和大型屋面板灌缝之后进行,并在油漆开始之前结束。

(5)设备安装阶段的施工顺序。水暖煤卫电安装与前述砖混结构相同,而生产设备的安装,一般由专业公司承担。

上面所述的施工过程和顺序,仅适用于一般情况。建筑施工是一个复杂的过程。建筑结构、现场条件、施工环境不同,均会对施工过程和顺序的安排产生不同的影响。因此,对每一个单位工程,必须根据其施工特点和具体情况,合理地确定其施工顺序。

(四)选择施工方法和施工机械

在单位工程施工组织设计中的施工方法,是针对本工程的主要分部分项工程而言,属于施工方案的技术方面,是施工方案的重要组成部分。施工方法和施工机械的选择是紧密联系的。在技术上它是解决各主要分部分项工程的施工手段和工艺问题。

分部分项工程施工手段和工艺在建筑施工技术部分已有详细叙述,这里仅将需要重点拟定施工方法和选择施工机械的内容和要求分述如下：

1．一般工程项目施工方法的选择

（1）土石方工程：

①场地平整施工方法。②基坑（槽）开挖采用人力或机械，开挖方法，放坡要求，土壁支撑方法，施工排水方法及所需设备。③石方的爆破方法及所需机具、材料。④土石方的平衡调配等。

（2）基础工程：

①浅基础（如条形、独立基础等）中垫层、混凝土、基础墙砌筑的技术要点，如宽度，标高的控制等。②地下室施工的防水要求，如施工缝的留置及做法等。③桩基础中桩的入土方法及设备选择，灌注桩的施工方法。

（3）砌筑工程：

①砖墙的砌筑方法及质量要求。②弹线及皮数杆的控制要求。③水平与垂直运输及操作要点等。

（4）混凝土工程：

①选择模板类型及支模方法，有时要进行模板设计及绘制模板放样图（或排列图）。②选择钢筋的加工、绑扎、焊接方法。③选择混凝土的搅拌、输送及浇筑顺序和方法，确定所需设备类型及数量，确定施工缝的留设位置。（大体积混凝土施工，另行编制实施方案）。④预应力混凝土的施工方法及其所需设备的选择。

（5）结构吊装工程：

①选择结构吊装方法（如分件吊装、综合吊装法）确定吊装机械的型号及数量。②确定构件的运输及堆放要求，选择所需机械，绘制有关的构件预制布置图。

（6）装修工程：

①各种装修的操作要求及方法。②选择材料运输方式，确定其堆放布置。③确定工艺流程和施工组织，尽可能组织结构、装修穿插施工，室内外装修交叉施工，以缩短工期。

（7）现场垂直、水平运输及脚手架等搭设：

①选择垂直运输设备和水平运输的方式，验算起重参数是否满足，确定其布置位置或开行路线。②确定脚手架搭设方法及安全网的挂设方法。

2．多层砖混结构房屋的施工方法选择：

这种房屋以砖砌体为竖向承重构件，以预制板、梁为水平构件。由于采用常规施工方法，只要着重解决垂直运输及脚手架搭设等问题即可。混凝土梁板吊装所需机械一般应根据结构特点、构件重量、数量及现场条件等因素，综合考虑吊装机械的技术性能参数进行选择。为了便于砌墙操作，要从运输、堆放材料及工作面要求等，考虑选择脚手架。

3．单层工业厂房的施工方法选择

这种厂房的构件预制和结构吊装是主导施工过程。构件预制（柱子、屋架等的现场制作）要与结构吊装一起综合考虑决定。柱子预制位置就是起吊位置，即采用就位预制。屋架也应尽量就位预制，做不到时采用扶直就位后再吊装。为节约场地和模板，还可采用重叠预制。结构吊装应着重考虑机械选择及其开行路线、吊装顺序、构件就位等问题，并拟定几种方法进行比较和选择，务求机械开行路线合理，尽量减少机械的停歇时间，避免吊装机械的二次进场。

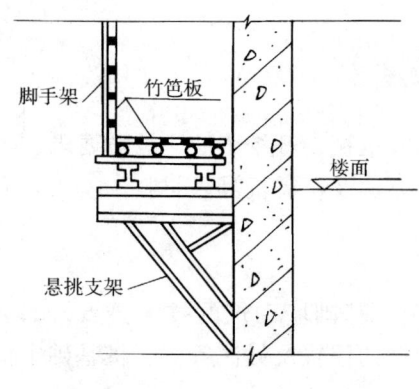

图 5-3 外脚手架悬挑示意图

**4．现浇钢筋混凝土高层建筑的施工方法的选择**

根据这种建筑特点，应着重考虑模板及支撑架的设计，钢筋混凝土的施工方法、脚手架及安全网的搭设、垂直运输设备的选择等问题。模板及支撑架应根据工程特点进行选择，一般可选用组合钢模板、大模板、爬模、台模、滑模等。采用组合钢模时，应尽量先组装后安装，以提高效率。钢筋应采用先组装成骨架再安装的方法，以减少高空作业。混凝土浇筑应采用减少吊次，加快速度的方法。脚手架和安全网结合考虑搭设，一般采用全封闭悬挑式钢管脚手架（每10层悬挑一次），悬挑支架采用工字钢制作。如图 5-3 所示。

混凝土的垂直运输可采用塔吊加吊斗、输送泵或快速提升架等。一般根据吊次和起重能力选择塔吊，根据混凝土浇筑量选择输送泵。此外，还应有外用电梯等，以便施工人员上下及材料的运输，一般选用双笼客货两用电梯。

## 第三节 施工进度计划

### 一、单位工程施工进度计划的概念和作用

单位工程施工进度计划是用图表形式表明一个拟建工程从施工准备、开始施工到工程全部竣工，确定各项施工活动在时间上和空间上的衔接、穿插、平行搭接、协作配合的关系。它是施工组织设计的主要内容，也是现场施工管理的中心内容。

单位工程施工进度计划的主要作用是：根据施工组织的原则，以最少的劳动力和资源，保证在规定的工期内完成质量合格的产品，它是直接指导建筑安装工程施工的文件。通过施工进度计划，可以确定单位工程各个施工过程的施工顺序，施工持续时间以及相互间的配合，确定为施工必须的劳动力和物资资源的需用量。同时，它也是为编制季度、月度施工作业计划提供依据。为编制劳动力需要量的平衡调配计划、各种材料的组织与供应计划、施工机械需用和调度计划等有关计划的编制提供依据。

单位工程施工进度计划的表现形式有横线图和网络图两种。一般施工进度计划都以这两种形式分别表现。横线图，其以表格形式反映，如图表 5-1 所示（一般用水平图表表示）。

单位工程施工进度计划　　　　　表 5-1

| 序号 | 分部、分项工程名称 | 工程量 | | 定额 | 劳动量 | | 机械 | | 每天工作班 | 每班工人数 | 工作天 | 施工进度 月 | | | | | | | |
|---|---|---|---|---|---|---|---|---|---|---|---|---|---|---|---|---|---|---|---|
| | | 单位 | 数量 | | 工种 | 工日数 | 名称 | 台班数 | | | | 2 | 4 | 6 | 8 | 10 | 12 | 14 | 16 | 18 |
| | | | | | | | | | | | | | | | | | | | | |
| | | | | | | | | | | | | | | | | | | | | |

## 二、施工进度计划的编制原理

### (一) 流水施工的基本原理

任何一个建筑工程都是由许多施工过程组成的,而每一个施工过程可以组织一个或多个施工班组来进行施工。如何组织各施工班组的先后顺序或平行搭接施工,是施工组织中的一个最基本问题。

**1. 组织施工的三种方式**

现有四幢相同类型的砖混结构房屋的基础工程,其施工过程及工程量等指标如表 5-2 所示。组织施工时一般可采用依次施工、平行施工和流水施工三种方式。现就三种方式的施工特点和效果分析如下:

每幢房屋基础工程的施工过程及其工程量等指标　　　　表 5-2

| 施工过程 | 工程量 数量 | 工程量 单位 | 每工产量 | 劳动量(工日) 需要 | 劳动量(工日) 采用 | 每班工人数 | 每天工作班数 | 施工天数 | 班组工种 |
|---|---|---|---|---|---|---|---|---|---|
| 基槽挖土 | 130 | m³ | 4.18 | 31 | 32 | 16 | 1 | 2 | 普工 |
| 混凝土垫层 | 38 | m³ | 1.22 | 31 | 30 | 30 | 1 | 1 | 普工、混凝土工 |
| 砖砌基础 | 75 | m³ | 1.28 | 59 | 60 | 20 | 1 | 3 | 普工、砖工 |
| 回填土 | 60 | m³ | 5.26 | 11 | 10 | 10 | 1 | 1 | 普工 |

(1) 依次施工。依次施工也称顺序施工,即一幢房屋基础工程各施工过程全部完成后,再施工第二幢,依次完成每幢施工任务。这种施工组织方式的施工进度安排,如图 5-4 所示。

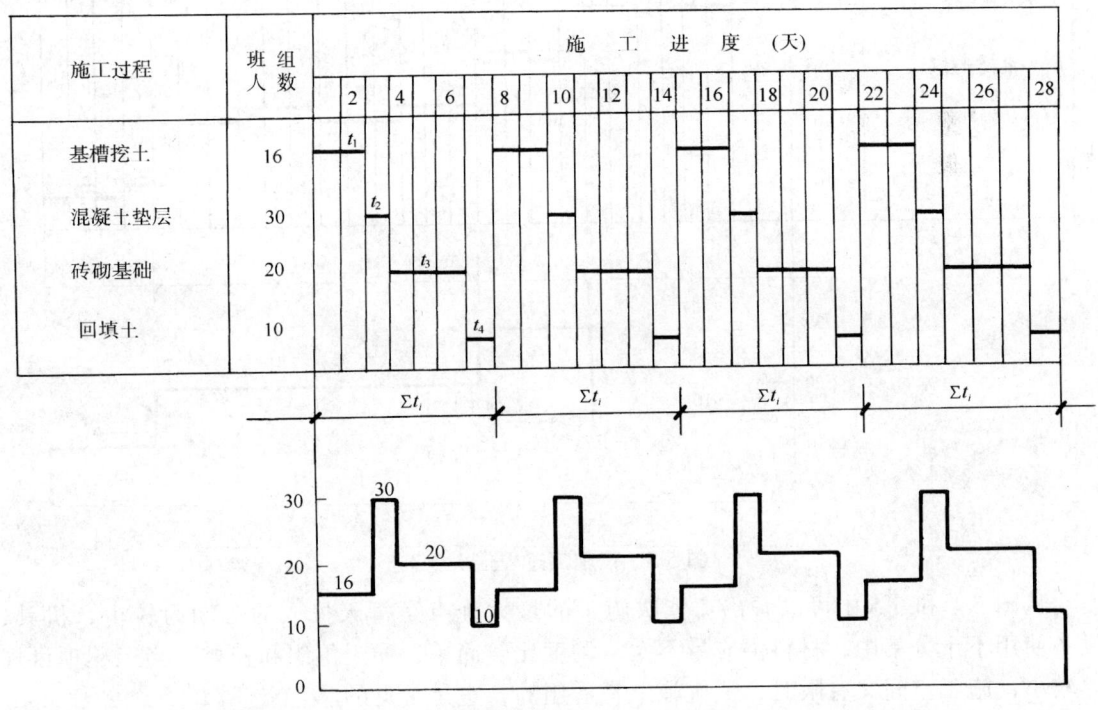

图 5-4　按幢(或施工段)依次施工

图下为它的劳动力动态变化曲线,其纵坐标为每天施工班组人数,横坐标为施工进度(天),除每天各投入施工的班组人数之和并连接起来,即可绘出劳动力动态变化曲线。

如果用 $t_i$($i=1,2,……n$)表示每个施工过程在一幢房屋中完成施工所需时间,则完成一幢房屋基础工程施工所需时间为 $\Sigma t_i$,完成 $m$ 幢房屋基础工程所需总时间为:

$$T = m \cdot \Sigma t_i \tag{5-1}$$

式中　$m$——房屋幢数(或施工区段数);
　　　$t_i$——一幢房屋完成某一施工过程所需时间;
　　　$\Sigma t_i$——一幢房屋完成各施工过程所需时间之和;
　　　$T$——完成 $m$ 幢工程任务所需总时间。

依次施工的组织,还可以采取依次完成每幢房屋的第一个施工过程后,再开始第二个施工过程的施工,依次完成最后一个施工过程的施工任务。其施工进度安排见图 5-5 按施工过程依次施工所需的总时间与按幢依次施工相同,但每天所需的劳动力不同。

其完成 $m$ 幢房屋基础工程所需总时间为:

$$T = \Sigma m \cdot t_i \tag{5-2}$$

式中　各符号含义同上。
　　　$m \cdot t_i$——一个施工过程完成各幢房屋所需时间。

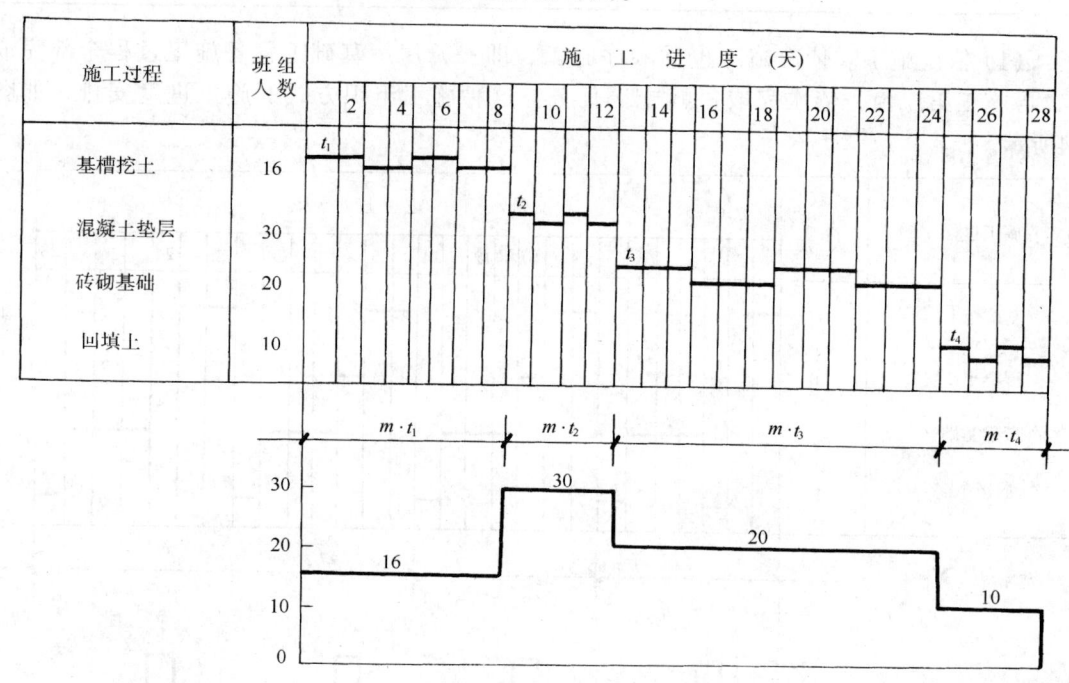

图 5-5　按施工过程依次施工

从图 5-4 和 5-5 中可以看出:依次施工的最大优点是每天投入的劳动力较少,机具、设备使用不十分集中,材料供应量不大,调度比较简单,便于组织和安排。当工程项目规模较小,施工空间又有限时,依次施工是适用的,也是常见的。

依次施工的缺点也很明显,按幢(施工段)依次施工虽然能较早地完成一幢房屋的基础施工,为上部结构施工创造了工作面。但各班组施工及材料供应无法保持连续和均衡,工人有窝工情况；按施工过程依次施工时，各班组虽然能连续施工，但不能充分利用工作面，完成每幢房屋基础施工的时间较长，由此可见，采用依次施工不但工期获得较长，而且在组织安排上也不尽合理，这是其最大缺点。

(2) 平行施工。平行施工是全部工程任务的各施工过程同时开工、同时完成的一种施工组织方式。

将上述四幢房屋的基础工程组织平行施工，其施工进度安排和劳动力消耗动态曲线如图5-6所示。

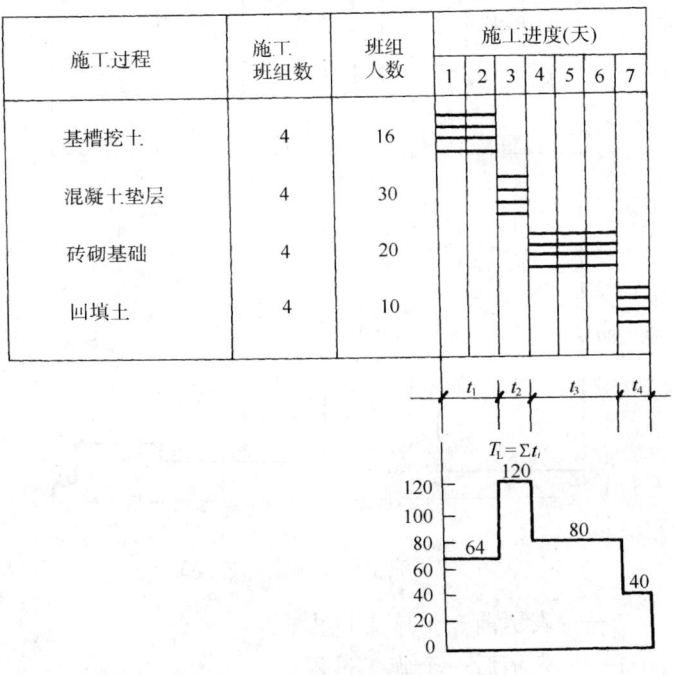

图 5-6 平行施工进度安排和劳动力消耗曲线

从图中可知，完成四幢房屋基础所需时间等于完成一幢房屋基础的时间，即

$$T = \Sigma t_i \tag{5-3}$$

式中 符号含义同前。

平行施工的优点，是能充分利用工作面，完成工程任务的时间最短。但由于施工班组数成倍增加（即投入施工的人数增多），机具设备相应增加，材料供应集中，临时设施、仓库和堆场面积亦要增加，从而造成组织安排和施工管理困难。如果没有更多的工程任务，各施工班组在短期内完成施工任务后，就可能出现窝工现象。因此，平行施工一般适用于工期要求紧、大规模的建筑群（如城市的住宅区建设）及分期分批组织施工的工程任务。这种方式只有在工作面充分及各方面的资源供应有保障的前提下，才是合理的。

(3) 流水施工。流水施工是指所有施工过程按一定的时间间隔依次投入施工，各个施工过程陆续开工、陆续竣工，使同一施工过程的施工班组保持连续、均衡施工，不同的施工过程尽可能平行搭接施工的组织方式。图5-7所示为上例四幢房屋基础工程流水施工的进度安排及劳动力消耗动态图。

图 5-7 式中 $K_{i,i+1}$ ——两个相邻的施工过程相续投入第一幢房屋施工的时间间隔；

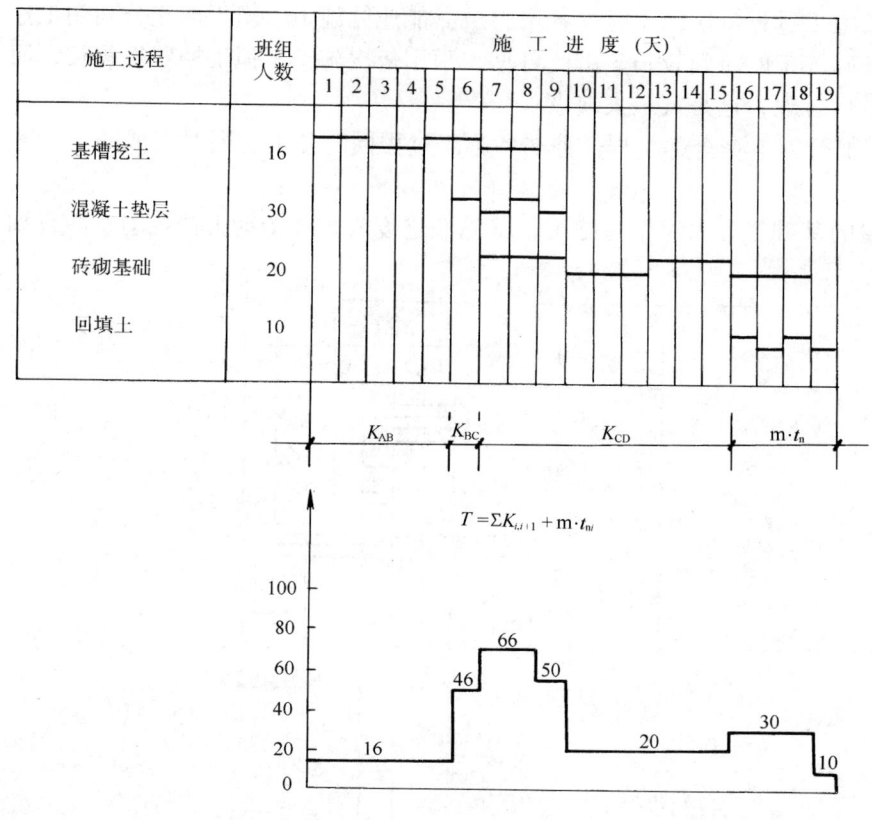

图 5-7 流水施工（全部连续）

$i$——表示前一个施工过程；
$i+1$——表示后一个施工过程；
$m$——幢数（施工段数）；
$t_{ni}$——最后一个施工过程完成每幢（施工段）所需时间；
$T$——表示完成工程任务所需总时间。

2．流水施工的组织方式

从图 5-7 可知，它吸取了依次和平行施工的优点，克服了它们的缺点，工期比依次施工缩短，各施工过程投入的劳动力比平行施工少；各施工班组都能连续、均衡地实行流水施工；前后施工过程尽可能实行平行搭接施工，比较充分地利用了施工工作面；机具设备、临时设施等比平行施工少，节约施工费用支出；材料等组织供应均匀。图 5-7 的流水施工组织，还没有充分利用施工工作面。例如：第一个施工段基槽挖土，直到第三段挖土以后，才开始垫层施工，浪费了前两幢挖土完成后的工作面等，为了充分利用工作面，可按图 5-8 所示进行。

这样工期比图 5-7 所示流水施工减少了 3 天。其中，垫层施工班组虽然作间断安排（回填土施工班组不论间断或连续安排，对减少工期没有影响），但应当指出，在一个分部工程若干个施工过程的流水施工组织中，只要安排好主要的几个施工过程，即工程量大，时间延续较长，（本例为挖土、砖基础），组织它们实行流水施工；而非主要的施工过程，

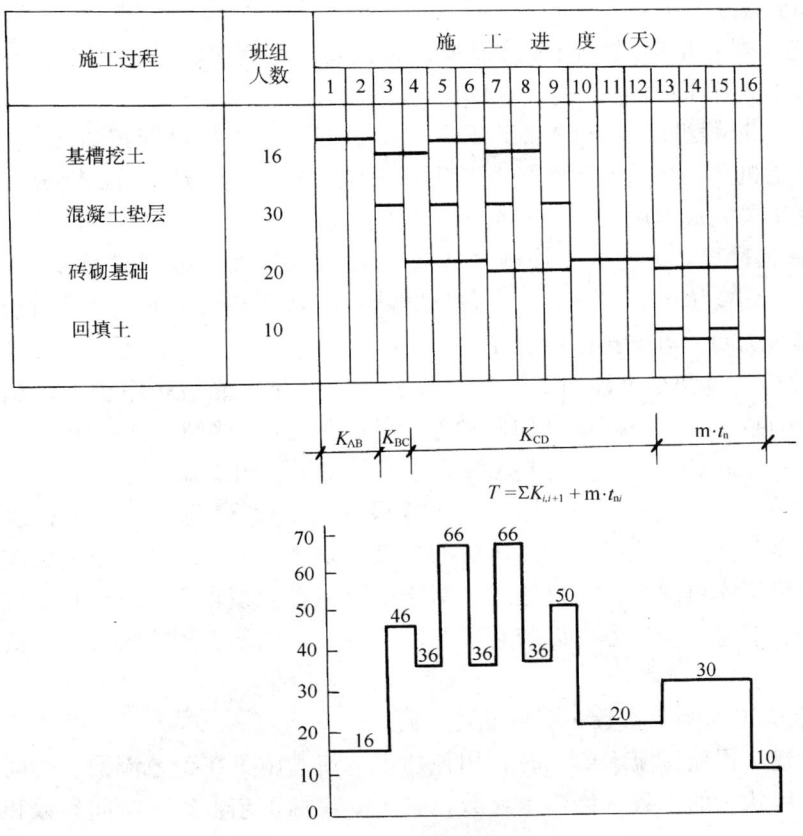

图 5-8 流水施工(部分间断)

根据有利于缩短工期的要求,在不能实现连续施工情况下,也仍应认为这是流水施工组织方式。

3．流水施工的经济效果

流水施工是一种有效的组织措施,也是组织施工的一种有效方法。它的特点是施工的连续性和均衡性,使各种资源可以均衡地使用,使施工企业的生产能力可以充分地发挥,劳动力得到合理地安排和使用,从而带来了较好的经济效果,它主要表现在以下几个方面:

(1) 流水施工能合理地、充分地利用工作面,争取时间加速工程施工进度,从而有利于缩短工期。

(2) 流水施工能使各施工班组在一定时期内保持相同的施工操作和连续、均衡地施工,从而促进劳动生产率的提高,同时使工程质量容易得以保证。

(3) 流水施工能保持各施工过程的连续性、均衡性,有利于机械设备和物资消耗的充分利用及劳动力合理安排,从而降低成本,促进施工管理和提高技术经济效益。

4．组织流水施工的要点和条件

(1) 组织流水施工的要点

1) 划分分部分项工程:将拟建工程,根据工程特点及施工要求,划分为若干分部工程,每个分部工程又根据施工工艺要求、工程量大小、施工班组的组成情况,划分为若干施工过程(即分项工程)。

2) 划分施工段:根据组织施工的需要,将拟建工程在平面或空间上,划分为工程量大致相等的若干个施工段。

3) 每个施工过程组织独立的施工班组:每个施工过程尽可能组织独立的施工班组,配备必要的施工机具,按施工工艺的先后顺序,依次地、连续地、均衡地从一个施工段转移到另一个施工段完成本施工过程相同的施工操作。

4) 主要施工过程必须连续、均衡地施工:对工程量大,施工时间较长的施工过程,必须组织连续、均衡施工,对其它次要施工过程,可考虑与相邻的施工过程合并。如不能合并,为了缩短工期,可安排间断施工。

5) 不同的施工过程尽可能组织平行搭接施工:按施工先后顺序要求,在有工作面条件下,除必要的技术与组织间歇(如养护等)外,尽可能组织平行搭接施工。

(2) 组织流水施工的条件。从上述要点中可以知道,组织流水施工必要条件是:划分工程量(或劳动量)大致相等的若干个施工区段(流水段);每个施工过程组织独立的施工班组;安排主要施工过程的施工班组进行连续、均衡的流水施工;不同的施工过程按施工工艺要求,尽可能组织平行搭接施工。对于一个工程规模较小,不能划分施工区段的工程任务,且没有其他工程任务可以与它组织流水施工,则该工程不具备组织流水施工的条件。

(二) 流水施工的主要参数

在组织拟建工程项目流水施工时,用拟建表达流水施工在工艺流程、空间布置和时间排列等方面开展状态的参数,称流水参数。它主要包括工艺参数、空间参数和时间参数等三类。

1. 工艺参数

工艺参数是指工程对象在组织流水施工中所划分的施工过程数目,以符号"$n$"表示。

施工过程划分的数目多少,粗细程度,一般与下列因素有关:

(1) 施工计划的性质和作用。对工程施工控制性计划,长期计划及建筑群体、规模大、结构复杂、施工期长的工程的施工进度计划,其施工过程划分可粗些,综合性大些。对中、小型单位工程及施工期不长的工程的施工实施计划,其施工过程划分可细些、具体些,一般划分至分项工程。对月度作业计划有些施工过程还可分解工序,如模板安装绑扎钢筋等。

(2) 施工方案及工程结构。厂房的柱基础与设备基础挖土,如同时施工,可合并为一个施工过程;如先后施工,可分为两个施工过程。承重墙与非承重墙的砌筑也是如此。砖混结构、大墙模结构、装配式框架与现浇钢混凝土框架等不同结构体系,其施工过程划分及其内容也各不相同。

(3) 劳动组织及劳动量大小。施工过程的划分与施工班组及施工习惯有关。如安装玻璃、油漆施工可合也可分,因为有的是混合班组,有的是单一工种的班组。施工过程的划分还与劳动量大小有关。劳动量少的施工过程,当组织流水施工有困难时,可与其它施工过程合并。如垫层劳动量较少时可与挖土合并为一个施工过程,这样可以使各个施工过程的劳动量大致相等,便于组织流水施工。

(4) 劳动内容和范围。施工过程的划分与其劳动内容和范围有关。如直接在施工现场与工程对象上进行的劳动过程，可以划入流水施工过程，而场外劳动内容（如预制加工、运输等）可以不划入流水施工过程。

2．空间参数

空间参数是指工程对象在组织流水施工中所划分的施工区段（称为流水段或施工段）的数目，以符号"$m$"表示。

划分流水段是为了组织工程对象的流水施工给施工班组提供施工空间，不同的班组（或不同的施工过程）在不同的流水段上施工，以便各施工班组各自流水施工，互不干扰。

流水段的划分应根据工程对象的施工规模及组织流水施工需要而合理确定。如果是组织多幢同类房屋的群体工程施工，可按一幢房屋作为一个流水段（但多层主体结构以一层楼作为一个流水段）；如果是组织一幢房屋的流水施工（房屋小，不能划分流水段者除外），则划分为若干流水段。不同的分部工程根据组织施工需要，流水段可以有不同的划分数目。例如，一幢六层二单元组合的砖混结构民用住宅，基础工程可以按单元为施工段，其两段施工；主体结构的段数仍以单元划分，六层楼共划分12段（$m=2\times6=12$）；屋面工程考虑防水施工的整体性，可以不分段（即一段）；外装修以一层楼为一个施工段，共为6段；内装修如果仍以单元划分，则六层共12段。所以不同的分部工程，其空间参数（流水段数目）可以互不相同。

(1) 施工段划分的基本要求：

1) 各施工段的工程量（或劳动量）一般应大致相等（其相差幅度不宜超过10%～15%）以保证各施工班组连续、均衡施工。

2) 对于多层或高层建筑物，施工段的数目，要满足合理流水施工组织的要求，即$m\geq n$。

3) 为了保证拟建工程项目的结构整体完整性，施工段的分界线应尽可能与结构自然界线相一致，（如沉降缝伸缩缝等）；结构上不允许留施工缝的部位不能作为划分施工段的界限。

4) 划分施工段时应考虑垂直运输设备（塔吊、井架）的能力和服务半径。

(2) 施工段划分的一般部位。在满足施工段划分的基本要求的前提下，可按下述几种情况划分施工段的部位。

1) 设置有伸缩缝、沉降缝的建筑工程，可按此缝为界线划分施工段。

2) 单元式住宅工程，可按单元为界分段，必要时以半个单元处为界分段。

3) 道路、管线等线性长度延伸的建筑工程，可按一定长度作为一个施工段。

4) 多幢同类型建筑，可以一幢房屋作为一个施工段。

3．时间参数

时间参数一般包括：流水节拍、流水步距和工期等。

(1) 流水节拍。流水节拍是指从事某一施工过程的施工班组在一个施工段上完成施工任务所需要的时间。用符号"$t_i$"表示（$i=1, 2\cdots\cdots$）

1) 流水节拍的确定。流水节拍的大小直接关系到投入的劳动力、材料和机械的多少，决定着施工速度和施工节奏。因此，合理确定流水节拍具有重要意义。一般流水节拍可按下式确定：

$$t_i = \frac{P_i}{R_i \cdot b} = \frac{Q_i}{S_i \cdot R_i \cdot b} \tag{5-4}$$

或

$$t_i = \frac{P_i}{R_i \cdot b} = \frac{Q_i \cdot H_i}{R_i \cdot b} \tag{5-5}$$

式中 $t_i$——某施工过程的流水节拍;

$P_i$——在一个施工段上完成某施工过程所需的劳动量（工日数）或机械台班量（台班数）;

$R_i$——某施工过程的施工班组人数或机械台数。

$b$——每天工作班次数;

$Q_i$——某施工过程在某施工段上的工程量;

$S_i$——某施工过程的每工日（或每台班）产量定额;

$H_i$——某施工过程采用的时间定额。

式(5-4)、式(5-5)是根据工地现有施工班组人数或机械台数以及能够达到的定额水平来确定流水节拍,然后应用上式求出所需的施工班组人数或机械台数。显然,在一个施工段上工程量不变的情况下,流水节拍越小,则所需施工班组人数和机械设备台数就越多。

2) 确定流水节拍的要点：

① 施工班组人数应符合该施工过程最少劳动组合人数的要求。例如,现浇钢筋混凝土施工过程,它包括上料、搅拌、运输、浇捣等施工操作环节,如果人数太少,是无法组织施工的。

② 要考虑工作面的大小或某种条件的限制。施工班组人数也不能太多,每个工人的工作面要符合最小工作面的要求。否则,就不能发挥正常的施工效率或不利于安全生产。主要工种的最小工作面可参考表 5-3 的有关数据。

**主要工种工作面参考数据表** 表 5-3

| 工 作 项 目 | 每个技工的工作面 | 说　　　明 |
| --- | --- | --- |
| 砖基础 | 7.6m/人 | 以 $1\frac{1}{2}$ 砖计；2 砖乘以 0.8；3 砖乘以 0.55 |
| 砌砖墙 | 8.5m/人 | 以 1 砖计；$1\frac{1}{2}$ 砖乘以 0.71；2 砖乘以 0.57 |
| 混凝土柱、墙基础 | 8m³/人 | 机拌、机捣 |
| 混凝土设备基础 | 7m³/人 | 机拌、机捣 |
| 现浇钢筋混凝土柱 | 2.45m³/人 | 机拌、机捣 |
| 现浇钢筋混凝土梁 | 3.20m³/人 | 机拌、机捣 |
| 现浇钢筋混凝土墙 | 5m³/人 | 机拌、机捣 |
| 现浇钢筋混凝土楼板 | 5.3m³/人 | 机拌、机捣 |
| 预制钢筋混凝土柱 | 3.6m³/人 | 机拌、机捣 |
| 预制钢筋混凝土梁 | 3.6m³/人 | 机拌、机捣 |
| 预制钢筋混凝土屋架 | 2.7m³/人 | 机拌、机捣 |
| 混凝土地坪及面层 | 40m²/人 | 机拌、机捣 |
| 外墙抹灰 | 16m²/人 | |
| 内墙抹灰 | 18.5m²/人 | |

续表

| 工 作 项 目 | 每个技工的工作面 | 说　　　明 |
|---|---|---|
| 卷材屋面 | 18.5m²/人 | |
| 防水水泥砂浆屋面 | 16m²/人 | |
| 门窗安装 | 11m²/人 | |

③ 要考虑各种机械台班的效率（吊装次数）或机械台班产量的大小。

④ 要考虑各种材料、构件等施工现场堆放量、供应能力及其他有关条件的制约。

⑤ 要考虑施工及技术条件的需求。例如，不能留施工缝，必须连续浇筑的钢筋混凝土工程，有时要按三班制工作的条件决定流水节拍，以确保工程质量。

⑥ 确定一个分部工程各施工过程的流水节拍时，首先应考虑主要的、工程量大的施工过程的节拍，其次确定其他施工过程的节拍值。

⑦ 节拍值一般取整数，必要时可保留0.5（天）的小数值。

(2) 流水步距。流水施工中，相邻两个施工班组先后进入同一施工段开始施工的间隔时间，称为流水步距。通常用 $K_{i,i+1}$ 表示（$i$ 表示前一个施工过程，$i+1$ 表示后一个施工过程）。

流水步距的大小，对工期有较大的影响。一般说来，在施工段不变的条件下，流水步距越大，工期越长；反之则小。流水步距还与前后两个相邻施工过程流水节拍的大小，施工工艺技术要求，是否有技术和组织间歇时间、施工段的数目、流水施工的组织方式等有关。

在流水施工中，如果同一施工过程在各施工段上的流水节拍相等，则各相邻施工过程之间的流水步距可按下式计算：

当 $t_i \leqslant t_{i+1}$ 时，　　　　　$K_{i,i+1} = t_i + (t_j - t_d)$ 　　　　　(5-6)

当 $t_i > t_{i+1}$ 时，　　　　　$K_{i,i+1} = t_i + (t_i - t_{i+1})(m-1) + (t_j - t_d)$

式中　$t_i$——第 $i$ 个施工过程的流水节拍；

　　　$t_{i+1}$——第 $i+1$ 个施工过程的流水节拍；

　　　$t_j$——第 $i$ 个施工过程与第 $i+1$ 个施工过程之间的间歇时间；

　　　$t_d$——第 $i+1$ 个施工过程与第 $i$ 个施工过程之间的搭接时间。

(3) 工期。工期是指完成一项工程任务或一个流水组施工所需的时间，一般可采用下式计算：

$$T = \Sigma K_{i,i+1} + T_N \quad (5-7)$$

$$T_N = m \cdot t_n$$

　　　$t_n$——第 $n$ 个施工过程的流水节拍；

　　　$T_N$——流水施工中最后一个施工过程的持续时间。

(三) 流水施工的基本方式

流水施工按其流水节拍的特征可分为全等节拍专业流水、异节拍专业流水和无节奏专业流水（也称分别流水）等几种方式

1. 全等节拍专业流水

全等节拍流水是指各个施工过程在各施工段上的流水节拍全部相等的一种流水施工。

它根据步距的不同有下述两种情况：

(1) 等节拍等步距流水。等节拍等步距流水，即各流水步距彼此相等，且等于流水节拍值。各施工过程之间无技术和组织间歇时间（$t_j=0$）也不安排相邻施工过程在同一施工段上搭接施工（$t_d=0$）。

根据一般工期计算公式（5-7），可得到等节拍等步距流水施工的工期计算公式。

因为 $K=t$ 则 $\Sigma K_{i,i+1}=(n-1)\cdot K$，$T_N=m\cdot t_n$

所以 $T=(n-1)\cdot K+m\cdot t_n$

$\qquad = (m+n-1)\cdot K$ (5-8)

或 $T=(m+n-1)\cdot t$ (5-9)

【例】某分部工程划分为 $A$、$B$、$C$、$D$ 四个施工过程，每个施工过程分解成五个施工段，流水节拍均为 2 天，无技术和组织间歇，且无组织搭接。其工期计算如下：如图 5-9 所示

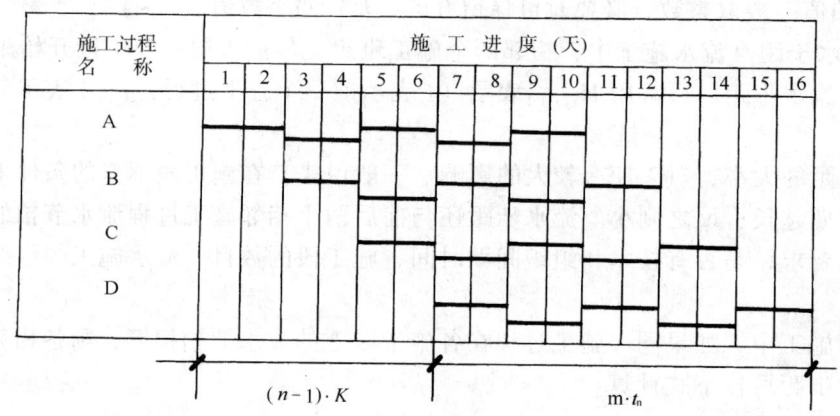

图 5-9 工期计算

【解】① $K=t=2$（天）

② $T=(m+n-1)\cdot K=(5+4-1)\times 2=16$（天）

(2) 等节拍不等步距流水。等节拍不等步距流水，即各施工过程的流水节拍彼此相等，但各流水步距不相等（如有的步距等于节拍，有的步距则不等于节拍），这是由于各施工过程之间存在着间歇和搭接施工所致。

这种流水施工的工期计算公式推导如下：

因为 $t_i=t$，$K_{i,i+1}=t_i+(t_j-t_d)$

所以 $\Sigma K_{i,i+1}=(n-1)\cdot t+\Sigma t_j-\Sigma t_d$

$\qquad T_L=\Sigma K_{i,i+1}+T_N=(n-1)\cdot t+m\cdot t_n+\Sigma t_j-\Sigma t_d$

即 $T=(m+n-1)\cdot t+\Sigma t_j-\Sigma t_d$ (5-10)

$T=\Sigma K_{i,i+1}+m\cdot t_n$

式中 $\Sigma t_j$——所有间歇时间总和；

$\Sigma t_d$——所有搭接时间总和。

【例】某分部工程划分 $A$、$B$、$C$、$D$ 四个施工过程，每个施工过程分解为四个施工段，各施工过程的流水节拍均为 4 天，其中，$B$ 过程完成任务后需有 2 天的技术间歇，施

工过程 $D$ 与 $C$ 允许 1 天搭接施工。其工期计算如图 5-10 所示。

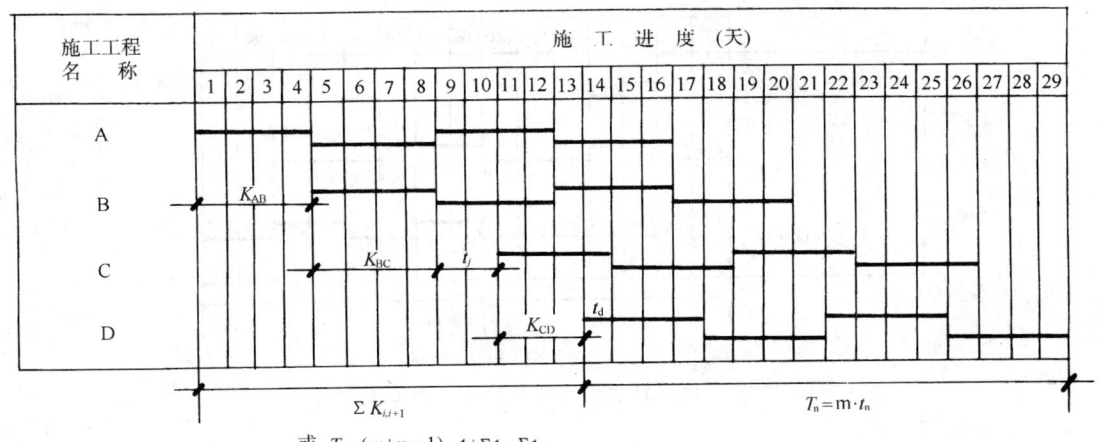

图 5-10 工期计算

【解】 ① $K_{AB}=4$（天）

$K_{BC}=4+(2-0)=6$（天）

$K_{CD}=4+(0-1)=3$（天）

② $T=(4+6+3)+4×4=29$（天）

或 $T=(4+4-1)×4+2-1=29$（天）

2. 异节拍专业流水

异节拍流水是指在组织流水施工时，如果同一施工过程在各施工段上的流水节拍彼此相等，不同施工过程在同一施工段上的流水节拍彼此不等，而互为倍数的流水施工方式，也称为成倍节拍流水。有时，为了加快流水施工速度，在资源供应满足的前提下，对流水节拍长的施工过程，组织几个同工种的专业队（或组）来完成同一施工过程在不同施工段上的任务，从而就形成了一个工期最短的类似于等节拍流水的等步距异节拍专业流水施工方案。

【例】 拟建四幢同类型砖混结构民用住宅，施工过程划分为基础工程、主体结构工程、屋面及装修工程。各施工过程的流水节拍分别为 20、60、40（天）。现组织异节拍流水，其工期及施工进度图表如图 5-11、图 5-12。（注：以每一幢作为一个施工段组织施工）

根据上述条件，异节拍中的不等节拍流水施工的流水步距及工期的计算如下：

【解】因为 $t_A<t_B$  所以 $K_{AB}=t_A+(t_j-t_d)=20$（天）

因为 $t_B>t_C$  所以 $K_{BC}=t_B+(t_B-t_C)(m-1)+(t_j-t_d)$
$=60+(60-40)(4-1)+(0-0)$
$=120$（天）

$T=\Sigma K+m·t_c$
$=(20+120)+4×40$
$=300$（天）

根据上述条件，异节拍中的等步距异节拍，即成倍节拍流水施工的工期计算如下：

63

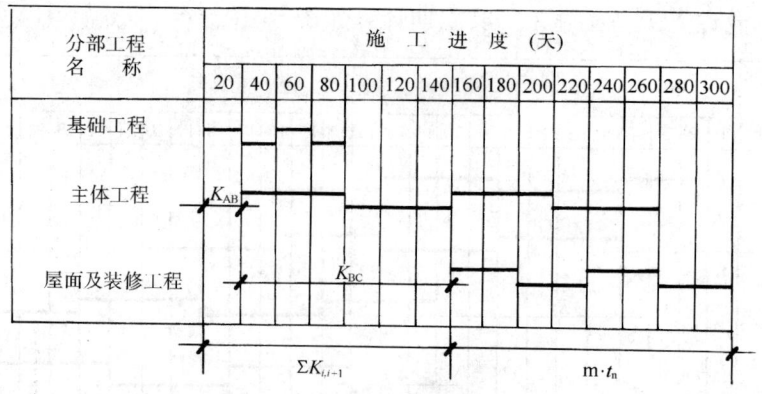

图 5-11 异节拍不等节拍流水进度表

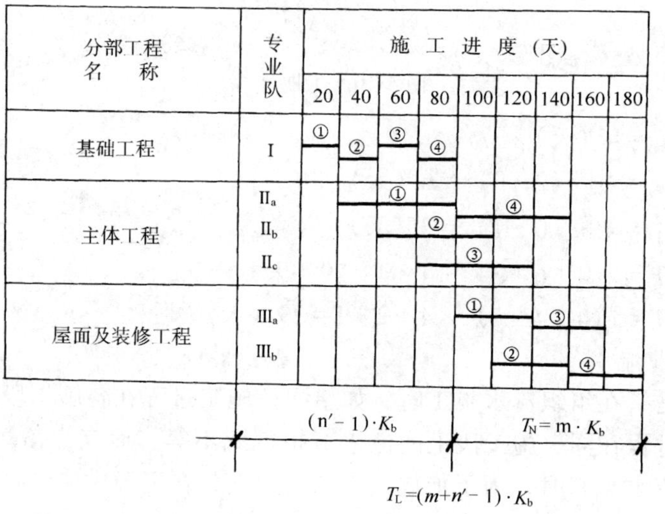

图 5-12 异节拍成倍节拍流水施工进度表

① $K_b$——各施工过程的流水节拍中的最大公约数

② $b_i$——施工过程第 $i$ 所要组织的专业队（或班组数）

$$b_i = \frac{t_i}{K_b}$$

③ $n'$——专业队或班组数的总和　　$n' = \Sigma b_i$

④ $T = (m + n' - 1) \cdot K_b$

【解】① $K_b = 20$（天）

② $b_1 = \dfrac{20}{20} = 1$（个）；$b_2 = \dfrac{60}{20} = 3$（个）；$b_3 = \dfrac{40}{20} = 2$（个）

③ $n' = 1 + 3 + 2 = 6$（个）

④ $T = (4 + 6 - 1) \times 20 = 180$（天）

成倍节拍流水实质上是一种等步距不等节拍的流水施工，这种方式适用于一般房屋建筑施工，也适用于线型工程（如道路、管道等）的施工。

3. 无节奏专业流水（也称分别流水）

有时由于各施工段的工程量不等，各施工班组的施工人数又不同，使每一施工过程在各施工段上或各施工过程在同一施工段上的流水节拍无规律性，这时，组织全等节拍或成倍节拍流水均有困难，则可组织分别流水。

分别流水的施工组织方法是：将拟建工程对象，划分为若干个分部工程，分别组织每个分部工程的流水施工，然后将若干个分部工程流水，按照施工顺序和工艺要求搭接起来组织成一个单位工程（或一个建筑群）的流水施工。它是流水施工的普遍形式，也是施工组织的常用方法之一。

【例】某项目经理部拟建一工程项目，该工程有 $A$、$B$、$C$、$D$ 四个施工过程，施工时在平面上划分成四个施工段，每个施工过程在各个施工段上的流水节拍如表 5-4 所示，规定施工过程 $B$ 完成后其相应施工段至少要养护 2 天，为了尽早完工，允许施工过程 $D$ 与 $C$ 之间搭接 1 天施工，试编制流水施工方案。

表 5-4

| 施工过程 \ 流水节拍 \ 施工段 | ① | ② | ③ | ④ |
|---|---|---|---|---|
| $A$ | 3 | 2 | 1 | 2 |
| $B$ | 1 | 3 | 5 | 3 |
| $C$ | 2 | 1 | 3 | 5 |
| $D$ | 4 | 2 | 3 | 2 |

根据上述条件，该工程只能组织分别流水。

(1) 各施工过程流水节拍的累加数列

$A$　3　5　6　8
$B$　1　4　9　12
$C$　2　3　6　11
$D$　4　6　9　11

(2) 确定流水步距（采用错位相减法）

$K_{AB}=4$（天）

$$
\begin{array}{cccccc}
 & 3 & 5 & 6 & 8 & \\
-) & & 1 & 4 & 9 & 12 \\
\hline
K_{AB}=\{ & 3 & 4 & 2 & -1 & -12\} \quad \max=4
\end{array}
$$

$K_{BC}=6$（天）

$$
\begin{array}{cccccc}
 & 1 & 4 & 9 & 12 & \\
-) & & 2 & 3 & 6 & 11 \\
\hline
K_{BC}=\{ & 1 & 2 & 6 & 6 & -11\} \quad \max=6
\end{array}
$$

$K_{CD}=2$（天）

$$\begin{array}{rrrrr} 2 & 3 & 6 & 11 & \\ -)\ 4 & 6 & 9 & 11 & \end{array}$$

$K_{CD} = \{2\quad -1\quad 0\quad 2\quad -11\}\ max = 2$

(3) 确定计划工期

$$T = \Sigma K_{i,i+1} + \Sigma t_n^i + \Sigma t_j - \Sigma t_d$$
$$= (4+6+2) + (4+2+3+2) + 2 - 1 = 24\ (天)$$

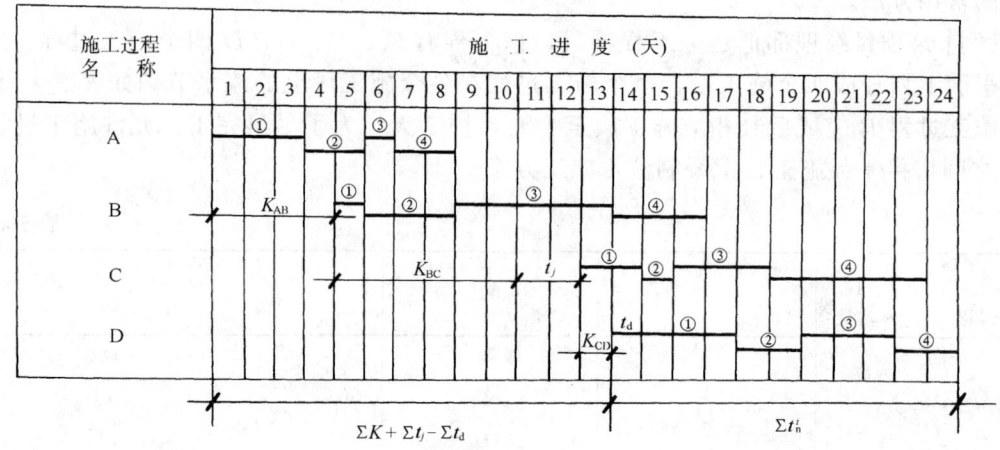

图 5-13 工期计算

(四) 网络计划技术

网络计划技术是一种组织生产和进行计划管理的科学方法。它的基本原理是：利用网络图来表达计划任务的进度安排及其中各项工作（或工序）之间的相互关系；进行网络分析，计算时间参数，找出关键线路和关键工作；利用时差，不断改善网络计划，求得工期、资源与成本的优化方案。

网络计划技术，包括关键线路法（CPM）和计划评审法（PERT），由于这些方法都建立在网络图的基础上，因此，统称为网络计划方法。

在建筑施工中，网络计划方法主要用来编制施工企业的生产计划和工程施工的进度计划，并对计划进行优化、调整和控制，达到缩短工期、提高工效、降低成本、增加经济效益的目的。例如：广州白天鹅宾馆工程，采用网络计划技术，使工期比合同工期提前四个多月完工，仅投资利息就节约了 1000 万港元，多盈利 500 万元。又如：上海宝山钢铁总厂一号炉土建工程，采用网络计划技术，缩短工期 21%，降低成本 9.8%。

1. 网络计划的基本概念

(1) 横道计划与网络计划比较：

【例】某分部工程有 A、B、C 三个施工过程，每个施工过程分解为三个施工段，其流水节拍分别为 3、2、1（天），该分部工程用横道图表示进度计划，如图 5-14 所示；用网络图表示的网络计划，如图 5-15 所示。

从图 5-14、5-15 中可以看出：横道计划是结合时间坐标线，用一系列水平线段分别

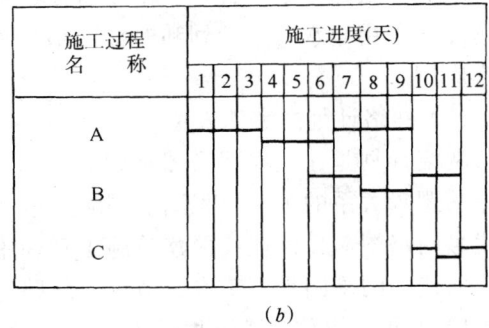

图 5-14 横道图
(a) 部分施工过程间断施工；(b) 各施工过程连续施工

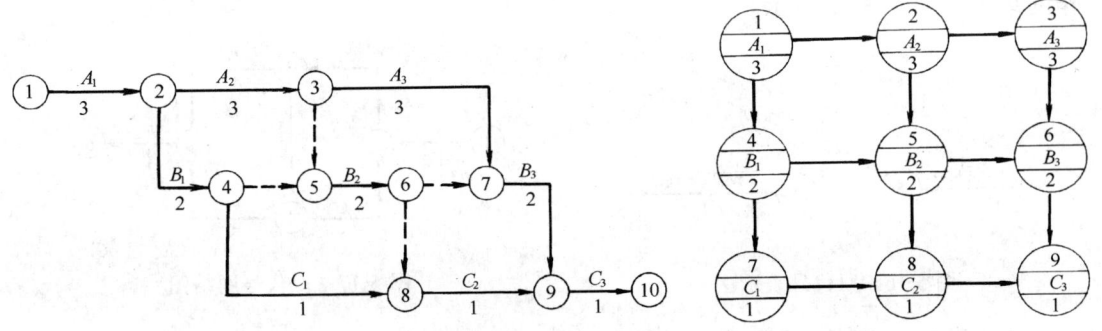

图 5-15 网络计划
(a) 双代号网络图；(b) 单代号网络图

表示各施工过程的施工起止时间及先后顺序；而网络计划是由一系列箭杆和圆圈（节点）所组成的网状图形来表示各施工过程先后顺序的逻辑关系。

横道计划的优缺点：

优点：编制比较容易，绘图比较简便，排列整齐有序，表达形象直观，便于统计劳动力、材料及机具的需要量。

缺点：不能反映各施工过程之间的相互制约、联系、依赖的逻辑关系；不能明确指出哪些施工过程是关键的，哪些不是关键的，即不能明确表明某个施工过程的推迟或提前完成对整个工程任务完成的影响程度；不能计算每个施工过程的各项时间指标，即不能提出在总完成期限不变的情况下，某些施工过程存在的机动时间，也不能指出计划安排的潜力有多大；不能应用电子计算机进行计算，更不能对计划进行科学地调整与优化。

网络计划的优缺点：

优点：能明确地反映各施工过程之间的逻辑关系，使各个施工过程组成一个有机的整体；由于各施工过程之间的逻辑关系明确，便于进行各种时间参数计算，有助于进行定量分析；能在错综复杂的计划中找出影响整个工程进度的关键施工过程，便于抓住施工中的主要矛盾，确保按期竣工；可以利用计算得出的某些施工过程的机动时间，更好地利用和调配人力、物力达到降低成本的目的；可以用电子计算机对复杂的计划进行计算、调整、优化，实现计划管理的科学化。

缺点：表达计划不直观，不易看懂，不能反映出流水施工的特点，不易显示资源平衡等情况。采用流水网络计划和时标网络计划，有助于克服这些缺点，也有助于网络计划的推广应用。

（2）网络计划的表达方法：

网络计划是建立在网络图基础上，用一定的符号来表达一项计划中各个施工过程先后顺序的逻辑关系的工序流程图。网络图按其所用符号的意义不同，可分为双代号网络图和单代号网络图。目前在我国建筑施工管理中用得较多的是双代号网络计划。

双代号网络图是由工作、节点、线路等基本要素组成

1）工作（也称施工过程、工序）。工作就是计划任务按需要粗细程度划分而成的一个消耗时间也消耗资源的子项目或子任务。它是网络图组成要素之一，用一根箭线和两个圆圈来表示。工作的名称写在箭线的上方，完成工作所需的时间写在箭线的下方，箭头表示工作的结束，如图 5-16 所示。

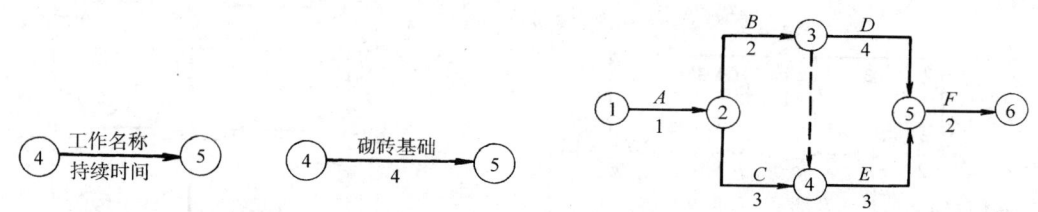

图 5-16　双代号表示法　　　　　图 5-17　双代号网络图

工作通常分为三种：需要消耗时间和资源（如混合结构中砌砖墙）；只消耗时间而不消耗资源（如混凝土养护、砂浆找平干燥等）；既不消耗时间，也不消耗资源，反映工序之间逻辑关系的，通常称为虚工作（或虚工序）。

逻辑关系又可分为两种：一种是施工工艺的关系，称为工艺逻辑，它是由施工工艺所决定的各个施工过程之间客观上存在的先后顺序关系。（一般是固定的，有的是绝对不能颠倒。）另一种是组织上的关系，称为组织逻辑，它是由施工组织安排上，考虑劳动力、机具、材料或工期等影响，在各施工过程之间主观上安排的先后顺序关系。

图 5-18　虚工作表示法

工作箭线的长度和方向，在无时间坐标的网络中，原则上讲可以任意画，但必须满足网络逻辑关系。在有时间坐标的网络图中，其箭线长度必须根据完成该项工作所需持续时间的大小按比例绘图。

2）节点（也称结点、事件）。在双代号网络图中，箭杆前后的圆圈，称为节点。节点不同与工作，它只标志着工作的结束和开始的瞬间，具有承上启下的衔接作用，而不需要消耗时间或资源。如图 5-17 中的节点⑤，它只表示 D、E 两项工作的结束时刻，也表示 F 工作的开始时刻。另外，又同样表示 D、E 两项工作的紧后工作是 F 工作，F 工作的紧前工作是 D、E 两项工作。

节点编号的方法可从以下两个方面来考虑：一种是沿着水平方向进行编号如图 5-19，另一种是沿着垂直方向进行编号如图 5-20。

3）线路。网络图中从起点节点开始，沿箭线方向连续通过一系列箭线与节点，最后到达终点节点的通路称为线路。第一条线路都有自己确定的完成时间，它等于该线路上各项工作持续时间的总和，也是完成这条线路上所有工作的计划工期。工期最长的线路称为

关键线路。位于关键线路上的工作称为关键工作。关键工作完成的快慢直接影响整个计划工期的实现，关键线路用粗箭线或双箭线连接。

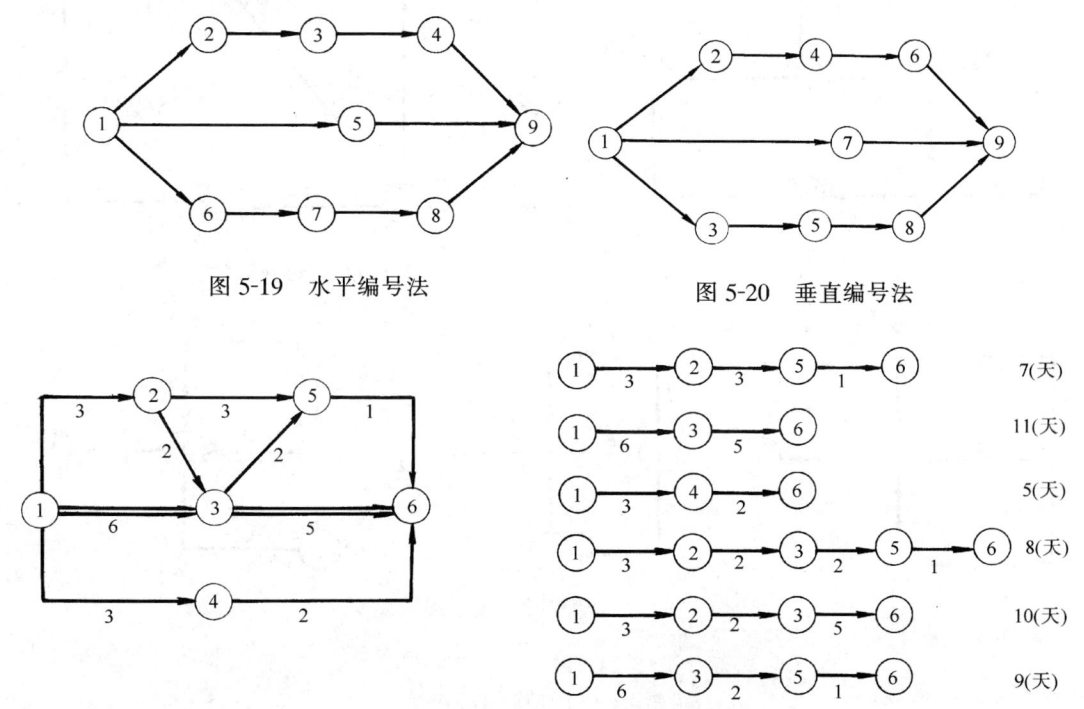

图 5-19　水平编号法　　　　　图 5-20　垂直编号法

图 5-21　网络计划线路

关键线路在网络图中不止一条，可能同时存在几条关键线路，即这几条线路上的持续时间相同。关键工作它没有机动时间（即无时差）。关键线路并不是一成不变的，在一定条件下，关键线路和非关键线路可以互相转化。例如，缩短关键线路上的关键工作的时间，延长非关键线路上非关键工作的时间，就有可能使关键线路转移。因此，利用非关键工作的机动时间，可以科学合理地调配资源和对网络计划进行优化。

2．双代号网络图绘制

（1）双代号网络图的绘制原则：

1）在一个网络图中，只允许有一个起点节点和一个终点节点。图 5-22 中出现了①、②两个起点节点是错误的，出现了⑦、⑧两个终点节点也是错误的。

2）在网络图中，不允许出现闭合回路，即不允许从一个节点出发，沿箭杆形成回路，再返回到原来的节点。在图 5-23 中，②→③→⑤→②就组成了闭合回路，导致违背逻辑关系的错误。

3）在一个网络图中，不允许出现同样编号的节点或箭杆。在图 5-24（a）中 A、B、C 三个施工过程均用①→②表示是错误的。正确的表达应如图 5-24（b）或（c）所示。

4）在一个网络图中，不允许出现一个代号代表一个施工过程。如图 5-25（a）中施工过程 B 与 A 的表达是错误的，正确的表达应如图 5-25（b）所示

5）在网络图中，不允许出现无指向箭头或有双向箭头的箭杆。在图 5-26 中，③→⑤箭杆无指向，②→⑤箭杆有双向箭头，均是错误的。

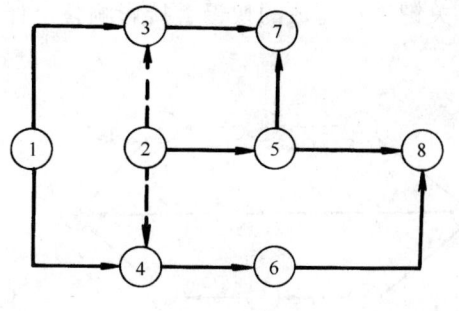

图 5-22 网络图（一）　　　　　　图 5-23 网络网（二）

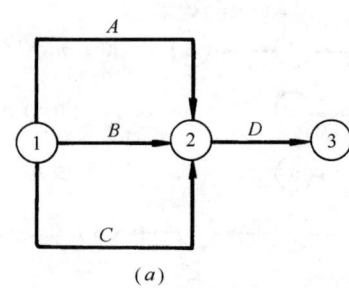 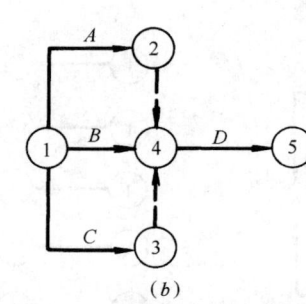 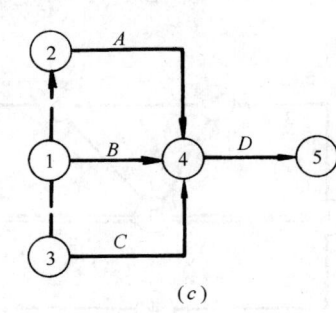

图 5-24 网络图（三）
(a) 错误；(b) 正确；(c) 正确

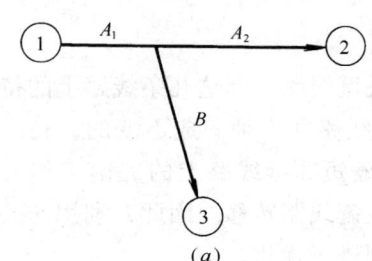 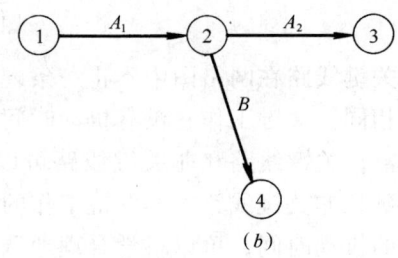

图 5-25 网络图（四）
(a) 错误；(b) 正确

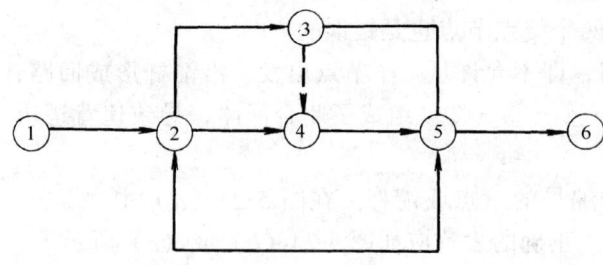

图 5-26 网络图（五）

6）在网络图中，应尽量减少不必要的虚箭杆，如图 5-27。当箭杆相交时，应采用"暗桥"连接或断线法表示，如图 5-28 (a) 为"暗桥"形式，(b) 为断线表示。

(2) 绘制步骤：

遵循网络图的绘制规则，是保证网络图绘制正确的前提。在绘图时应注意网络图的构图形式。

① 绘制草图——绘出一张符合逻辑关系的网络图草图，其步骤是：首先画出从起点

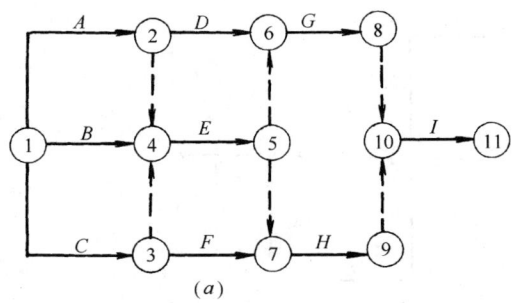 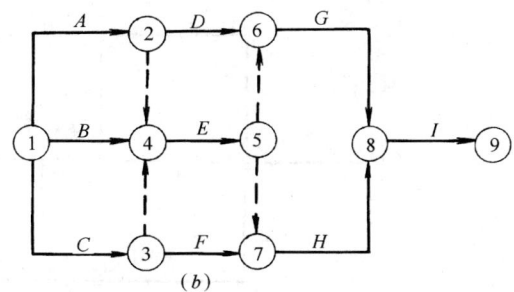

图 5-27 网络图（六）
(a) 存在不必要的虚箭杆；(b) 调整后的网络图

节点出发的所有箭杆；接着从左到右依次绘出紧接其后的箭杆，直至终点节点；最后检查网络图中各施工过程的逻辑关系。

② 整理网络图——使网络图条理清楚、层次分明。

绘图示例：

根据以表 5-5 中各施工过程的关系，绘制成双代号网络图，要求箭杆不相交。

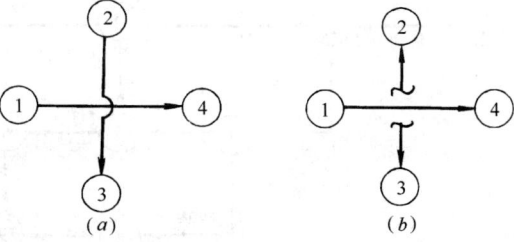

图 5-28 网络图（七）

表 5-5

| 施工过程 | A | B | C | D | E | F | G | H | I | J | K | L | M |
|---|---|---|---|---|---|---|---|---|---|---|---|---|---|
| 紧前工序 | — | A | A | B | B | E | A | D、C | E | F、G、H | I、J | I、J | K、L |
| 紧后工序 | B、C、G | D、E | H | H | F、I | J | J | J | K、L | K、L | M | M | — |
| 作业时间（天） | 4 | 6 | 4 | 5 | 3 | 2 | 7 | 8 | 4 | 3 | 5 | 4 | 2 |

该双代号网络图绘制步骤如下：
(1) 从 A 出发绘出其紧后过程 B、C、G
(2) 从 B 出发绘出其紧后过程 D、E
(3) 从 C、D 出发绘出其紧后过程 H
(4) 从 E 出发绘出其紧后过程 F、I
(5) 从 F、G、H 出发绘出其紧后过程 J
(6) 从 I、J 出发绘出其紧后过程 K、L
(7) 从 K、L 出发绘出其紧后过程 M

3．建筑施工中双代号网络计划的排列方法

网络计划的画法并没有规定对网络图的排列方法提出任何要求，但在实际应用中，要求网络图按一定的顺序组织排列，做到条理清楚，层次分明，形象直观。

(1) 按施工过程排列。这种方法是根据施工顺序把各施工过程按垂直方向排列，施工段按水平方向排列，如图 5-30 所示。

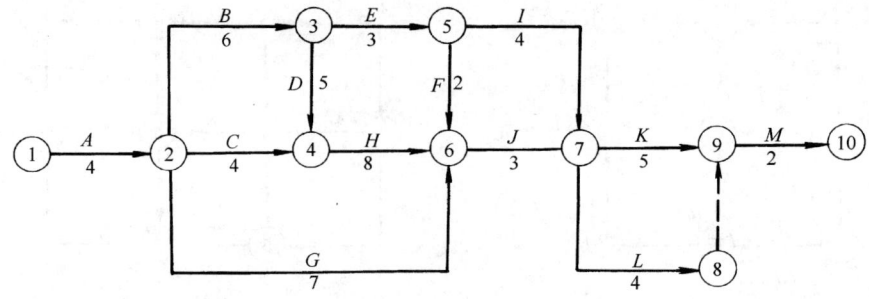

图 5-29 网络图（八）

（2）按施工段排列。这种方法是把同一施工段上的有关施工过程按水平方向排列，施

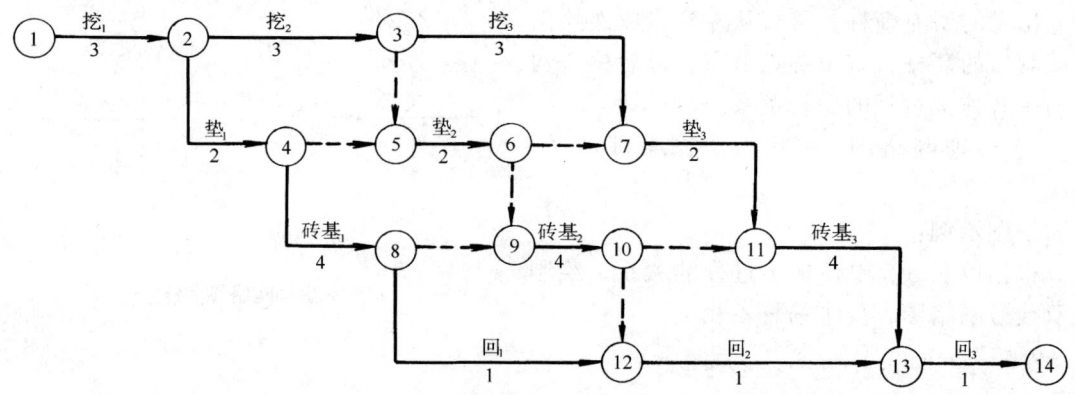

图 5-30 按施工过程排列

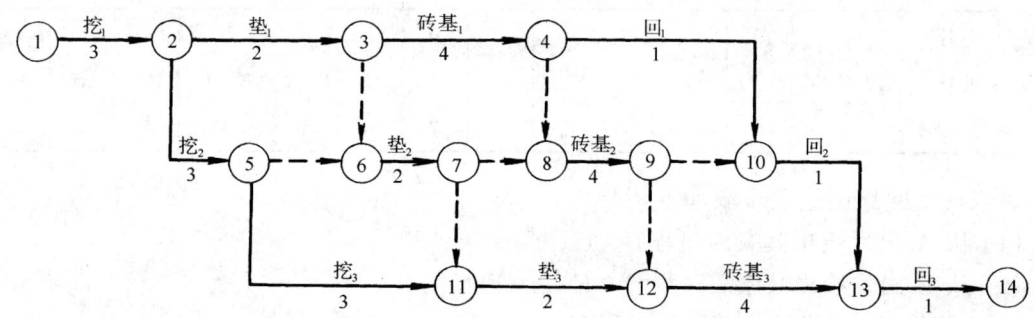

图 5-31 按施工段排列

工段按垂直方向排列，如图 5-31 所示。

（3）按楼层排列。如图 5-32 所示，这是一个五层内装修分四个施工过程按自上而下的施工顺序组织施工的网络计划。当有若干个施工过程沿着房屋楼层按一定顺序组织施工时，其网络计划一般都可以按此方式排列。

4．双代号网络计划时间参数的计算

分析和计算网络计划的时间参数，是网络计划方法的又一项重要技术内容。

计算网络计划的时间参数，是确定计划工期的依据；是确定网络计划机动时间和关键线路的基础；是进行计划调整与优化的前提。

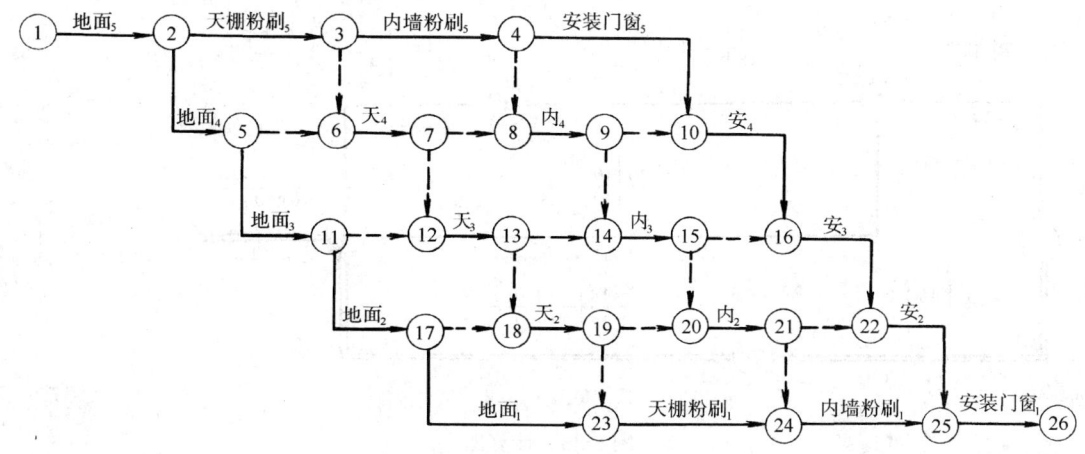

图 5-32 按楼层排列

具体计算网络时间参数的方法一般有：图上计算法、表上计算法、矩阵计算法等多种，计算手段一般分为手工计算和电子计算机计算两种。这里仅介绍用手工计算的图上计算法。

(1) 网络计划时间参数的名称及符号：
1) 完成计划任务的总时间——工期 T（Time）
2) 每项工序（施工过程）的
① 最早可能开始时间 ES（Earliest Starting Time）
② 最迟必须开始时间 LS（Latest Starting Time）
③ 最早可能完成时间 EF（Earliest Finish Time）
④ 最迟必须完成时间 LF（Latest Finish Time）
⑤ 总时差 TF（Total Float）
⑥ 自由时差 FF（Free Float）

(2) 双代号网络计划时间参数的计算：

标记时间开始（或完成）常用的方法是采用 $\frac{\text{ES}|\text{EF}|\text{TF}}{\text{LS}|\text{LF}|\text{FF}}$ 坐标形。见图 5-33 所示计算。

ES 计算公式： $ES_{ij} = \max\ [ES_{hi} + t_{hi}]$

式中 $ES_{ij}$——某施工过程①→①的最早开始时间；

$ES_{hi}$——某施工过程①→①的紧前过程最早开始时间；

$t_{hi}$——某施工过程①→①的紧前过程的施工延续时间；

max——表示括号内有若干个紧前过程的各数值中取最大值。

在起点节点①的++形左上方位置记入 0，然后沿线累加，当某施工过程的紧前有两个及其以上的施工过程时，应进行比较后取最大值。

如：$ES_{2.4} = ES_{1.2} + t_{1.2} = 0 + 14 = 14$

$$ES_{5.6} = \max \begin{cases} ES_{4.5} + t_{4.5} = 24 + 12 = 36 \\ ES_{2.5} + t_{2.5} = 14 + 16 = 30 \\ ES_{3.5} + t_{3.5} = 18 + 22 = 40 \end{cases} 取 40$$

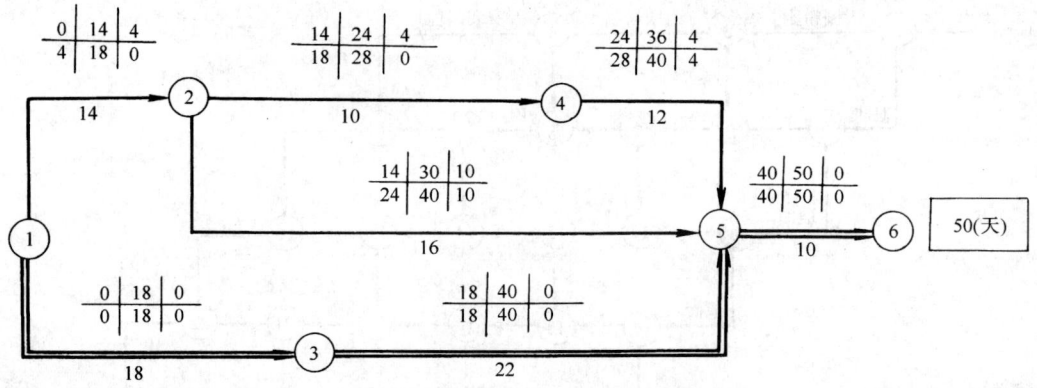

图 5-33 计算图

LS 计算公式：$LS_{ij} = \min[LS_{jk} - t_{ij}]$

式中　$LS_{ij}$——某施工过程①→①的最迟开始时间

　　　$LS_{jk}$——某施工工程①→①的紧后过程最迟开始时间

　　　$t_{ij}$——某施工过程①→①的施工延续时间

　　　max——表示括号内有若干紧后过程的各数值中取小值

如：
$$LS_{5.6} = T - t_{5.6} = 50 - 10 = 40$$
$$LS_{4.5} = LS_{5.6} - t_{4.5} = 40 - 12 = 28$$
$$LS_{1.2} = \min \begin{cases} LS_{2.4} - t_{1.2} = 18 - 14 = 4 \\ LS_{2.5} - t_{1.2} = 24 - 14 = 10 \end{cases} \text{取 4}$$

EF 计算公式：$EF_{ij} = ES_{ij} + t_{ij}$

如：
$$EF_{1.2} = ES_{1.2} + t_{1.2} = 0 + 14 = 14$$
$$EF_{1.3} = ES_{1.3} + t_{1.3} = 0 + 18 = 18$$
$$EF_{5.6} = ES_{5.6} + t_{5.6} = 40 + 10 = 50$$

LF 计算公式：$LF_{ij} = LS_{ij} + t_{ij}$

如：
$$LF_{1.2} = LS_{1.2} + t_{1.2} = 4 + 14 = 18$$
$$LF_{1.3} = LS_{1.3} + t_{1.3} = 0 + 18 = 18$$
$$LF_{5.6} = LS_{5.6} + t_{5.6} = 40 + 10 = 50$$

TF 计算公式：$TF_{ij} = LS_{ij} - ES_{ij}$

如：
$$TF_{1.2} = LS_{1.2} - ES_{1.2} = 4 - 0 = 4$$
$$TF_{2.4} = LS_{2.4} - ES_{2.4} = 18 - 14 = 4$$
$$TF_{5.6} = LS_{5.6} - ES_{5.6} = 40 - 40 = 0$$

FF 计算公式：$FF_{ij} = ES_{jk} - (ES_{ij+} + t_{ij})$

或：$FF_{ij} = EF_{jk} - (t_{ik+} + EF_{ij})$

式中　$ES_{jk}$——某施工过程①→①的紧后过程的最早开始时间

　　　$EF_{jk}$——某施工过程①→①的紧后过程的最早完成时间

　　　$t_{jk}$——某施工过程①→①的紧后过程的施工延续时间

如：  $FF_{5.6} = T - (ES_{5.6} + t_{5.6}) = 50 - (40 + 10) = 0$

$FF_{4.5} = ES_{5.6} - (ES_{4.5} + t_{4.5}) = 40 - (24 + 12) = 4$

$FF_{2.5} = ES_{5.6} - (ES_{2.5} + t_{2.5}) = 40 - (14 + 16) = 10$

或  $FF_{2.5} = EF_{5.6} - (t_{5.6} + EF_{2.5}) = 50 - (10 + 30) = 10$

5．工程实例

【例】 某现浇多层框架一个结构层的钢筋混凝土工程，由柱梁、楼板、抗震墙组合成整体框架，附设有电梯，均为现浇钢筋混凝土结构。

施工顺序如下：

柱和抗震墙先绑扎钢筋，后支模，电梯井先支内模；梁的模板必须待柱子模板都支好后才能开始，楼板支模可在电梯井支内模后开始；梁模板支好后再支模板的模板；后浇捣柱子、抗震墙、电梯井壁及楼梯的混凝土，然后再开始梁和楼板的钢筋绑扎，同时在楼板上进行预埋暗管的铺设，最后浇捣梁和楼板的混凝土。其工序名称，衔接关系及工序时间如表 5-6 所示。

工序名称、衔接关系及工序时间  表 5-6

| 施工过程名称 | 代号 | 紧前工序 | 延续时间（天） |
|---|---|---|---|
| 柱扎钢筋 | A | — | 2 |
| 抗震墙扎钢筋 | B | A | 2 |
| 柱支模板 | C | A | 3 |
| 电梯井支内模板 | D | — | 2 |
| 抗震墙支模板 | E | B、C | 2 |
| 电梯井扎钢筋 | F | B、D | 2 |
| 楼板支模板 | G | D | 2 |
| 电梯井支外模板 | H | E、F | 2 |
| 梁支模板 | I | C | 3 |
| 楼板支模板 | J | I、H | 2 |
| 楼梯扎钢筋 | K | G、F | 1 |
| 墙、柱等浇混凝土 | L | K、J | 3 |
| 铺设暗管 | M | L | 1 |
| 梁板扎钢筋 | N | L | 2 |
| 梁板浇捣混凝土 | P | N、M | 2 |

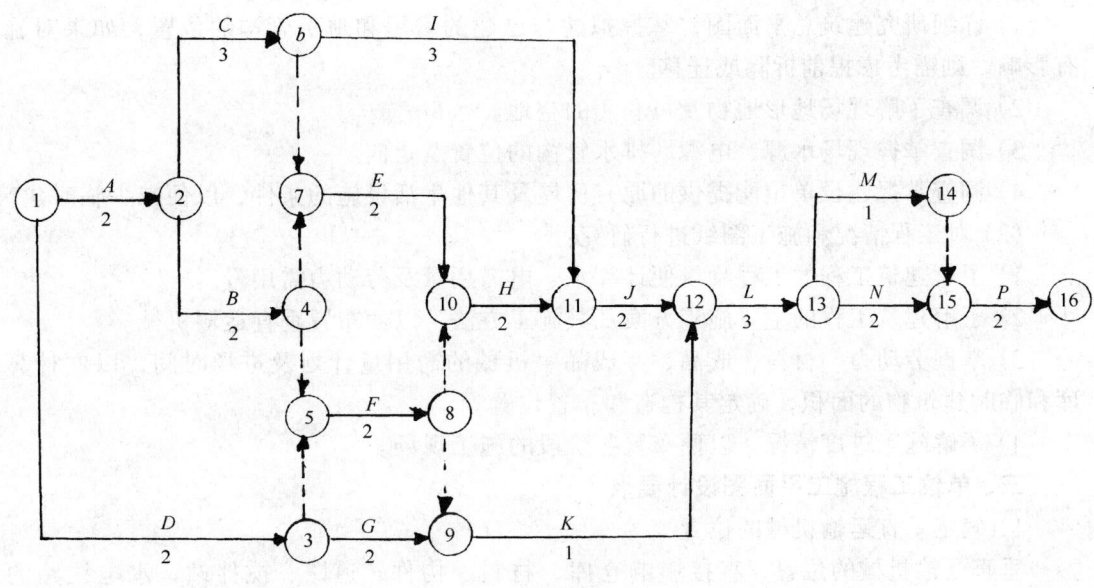

图 5-34 双代号网络图

试根据以上资料，按照网络图绘制的要求和方法，描绘出现浇多层框架一个结构层的钢筋混凝土工程的双代号网络图，如图 5-34 所示。

## 第四节 施 工 平 面 图

单位工程施工平面图是对拟建工程的施工现场所作的平面规划和布置，是施工组织设计的重要内容，是现场文明施工的基本保证。

**一、单位工程施工平面图布置的内容和设计依据**

1．设计单位工程施工平面图的依据

其依据包括：建筑总平面图、单位工程施工图、已拟定好的施工方案、施工进度计划、现场地形地物、现有的水、电源、道路、四周可利用的空地及房屋等，临时设施计算资料。

2．单位工程施工平面图设计的内容

一般包括：建筑总平面图的有关内容（如已建和拟建的建筑物及其他设施的位置和尺寸等），起重垂直运输机械的位置，搅拌站、加工棚、仓库、材料、构件堆场、运输道路、临时设施，水电线路及安全防火设施等布置，包括其位置和尺寸。

**二、单位工程施工平面图设计的原则与步骤**

1．施工平面图的设计原则

在满足施工安全、保证现场施工顺利进行的条件下，要布置紧凑、占地省，不占或少占农田；要做到短运输，少搬运，尽量避免二次搬运；要尽量减少临时设施的搭设应符合劳动保护安全生产、消防、环保、市容等要求。

2．施工平面图的设计步骤

（1）对施工现场进行调查。在设计施工平面布置图前，应对施工现场的情况作深入细致的调查研究，其主要内容包括：

1）详细研究建筑总平面图，掌握拟建与已建的房屋和地下管沟的位置，如果对施工有影响，则需考虑提前拆除或迁移。

2）调查了解现场地形地物及可利用的空地。

3）调查掌握现场水源、电源、排水管沟的位置及走向。

4）调查掌握建设单位能提供的原有房屋及其他生活设施的条件，以便减少临时建筑。

（2）对工程情况和施工图纸进行研究：

1）了解建筑工程的工程量以便计算水、电需用量及劳动力需用量。

2）了解建筑工程的主要施工方案及其施工方法，以便布置垂直运输机械。

3）掌握劳动力、材料、成品、半成品、机械的需用量计划及进场时间，以便计算仓库和临时建筑物的面积，确定其构造和布置位置。

4）了解施工进度情况，以便布置各阶段的施工现场。

**三、单位工程施工平面图设计要点**

1．确定垂直运输机械的位置

垂直运输机械的位置，直接影响仓库、材料、构件、道路、搅拌站、水电线路的位置，故应首先予以考虑。

塔吊及其他吊装设备、垂直运输机械，如外用电梯、井架、门架等的位置，应根据现场施工条件及安装工艺来确定。

（1）布置固定式垂直运输机械（井架及电梯）时，必须结合建筑物的平面形状，高度和构件、材料的重量，考虑机械的负荷能力和服务范围，确定位置台数和位置，做到便于楼层和地面的水平运输，并使其运距尽可能小。

（2）布置塔式起重机时要结合场地条件和平面形状综合考虑，确定是一侧布置还是两侧布置，使材料构件在回转半径之内能直接运至任何使用地点，当塔吊起重臂操作范围内要通过架空电线及原有建筑物时，布置塔式起重机时要注意采取安全措施，同时要做好路基的排水工作，保证塔吊的安全。

（3）单层装配式工业厂房构件吊装机械，一般采用履带式或轮胎式起重机，进行节间吊装布置起重 行走路线，要结合平面形状，施工顺序和吊装方法来安排。施工平面要考虑构件制作，堆放位置，以满足起重机的运行和吊装保证起重机按程序流水作业，减少吊车走空和窝工。

垂直运输机械行走路线范围内的地上地下和空间障碍物，应提前处理或拆除，防止发生安全事故。

2．搅拌站的布置

单位工程是否需要设砂浆和混凝土搅拌机，以及搅拌机采用什么型号，规格、数量等，一般在选择施工方案与施工方法时确定，搅拌站的布置要求如下：

（1）搅拌站应有后台上料的场地，尤其是混凝土搅拌机，要与砂石堆场、水泥库一起考虑布置，既要互相靠近，又要便于这些大宗材料的运输和装卸。

（2）搅拌站应尽可能布置在垂直运输机械附近，以减少混凝土砂浆的水平运距，当采用塔吊方案时，混凝土搅拌机的位置应使吊斗能从其出料口直接卸料，并挂钩起吊。

（3）搅拌站应设置在施工道路旁边，使小车、翻斗车运输方便。

（4）搅拌站场地四周应设置排水沟，以有利于清洗机械和排除污水，避免造成现场积水。

（5）混凝土搅拌台所需面积约 $25m^2$，砂浆搅拌台约 $15m^2$，冬期施工还应考虑保温与供热设施等，相应增加其面积。

3．材料及构件堆放场地的布置

材料堆放应尽量靠近使用地点，并考虑运输及卸料方便，当采用固定式垂直运输机械时，地下及首层用料，宜沿建筑物四周布置，但要防止基坑坍方。二层以上所用材料、构件，应布置在垂直运输机械附近，以减少二次搬运当垂直运输采用塔式起重机时，材料、构件等应布置在塔式起重机有效起吊范围内。

构件的堆放位置应考虑安装顺序，先吊的放在上面，后吊的放在下面，构件进场时间应与安装进度密切配合，减少二次搬运，当采用移动式起重机时，宜沿其运行路线布置在有效起吊范围内。

仓库、堆场的布置，应能适应各个施工阶段的需要，并能按材料使用的先后次序和材料品种按规定要求堆放，易燃易爆品仓库及堆场的布置，须遵守防火、防爆安全距离的要求。

4．运输道路的布置

(1) 施工现场道路的一般技术要求：

施工现场道路最少宽度和最小回转半径见表5-7和5-8。

施工现场道路最小宽度　　　　　　　　　　　　表5-7

| 序　号 | 车辆类别及要求 | 道路宽度（m） |
|---|---|---|
| 1 | 汽车单行道 | 不小于3.0 |
| 2 | 汽车双行道 | 不小于6.0 |
| 3 | 平板拖车单行道 | 不小于4.0 |
| 4 | 平板拖车双行道 | 不小于8.0 |

施工现场道路最小转弯半径　　　　　　　　　　表5-8

| 车辆类型 | 路面内侧的最小曲线半径（m） | | |
|---|---|---|---|
| | 无拖车 | 有一辆拖车 | 有两辆拖车 |
| 小客车、三轮汽车 | 6 | | |
| 一般二轴载重汽车<br>三轴载重汽车 | 单车道9<br>双车道7 | 12 | 15 |
| 重型载重汽车 | 12 | 15 | 18 |
| 起重型载重汽车 | 15 | 18 | 21 |

架空线及架空管道下面的道路，其通行空间高度应大于4.5m，其宽度应比行车道宽度大0.5m。

山区修路，其纵向坡度应符合表5-9的规定

道路的最大纵向坡度　　　　　　　　　　　　　表5-9

| 序　号 | 道路类别 | 纵向坡度 |
|---|---|---|
| 1 | 土　路 | 不大于4% |
| 2 | 土路特殊段 | 不大于6% |
| 3 | 加骨料的路面 | 不大于6% |
| 4 | 加骨料的路面特殊段 | 不大于8% |

工地临时道路的做法：一般砂质土可采用碾压土路办法，当土质粘或泥泞，翻浆时，可采用加骨料碾压路面的方法，骨料应尽量就地取材，如碎砖、炉渣、砂卵石等，为了排除路面积水，保证正常运输，道路路面应高出自然地面0.1~0.2m，雨量较大的地区应高出0.5m以上，道路两侧设置排水沟，一般沟深和底宽不小于0.4m。

(2) 施工道路布置的要求：

1) 道路的布置要根据现场条件及平面布置进行，以满足材料、构件运输的要求，使道路通到各个仓库及堆场并离装卸区越近越好，以便装卸。

2) 道路还要满足消防的要求，使道路靠近建筑物、木料场等易燃物质的地方。道路要使车辆直接开到消防栓处。

3) 为提高车辆的行驶速度和通行能力，应尽量将道路布置成环形。如不能设置环形路，应在路端设置倒车场地。

4) 应尽量利用已有道路或永久性道路，根据建筑总平面图上永久性道路位置，先修

筑路基，作为临时道路，工程结束后，再修筑路面，这样可节约施工时间和费用。

5）施工应按程序施工，即先把道路下面的管道施工完，对于近期开工的建筑物和地下管线要先布置，以免临时道路被迫改道或道路被切断后影响运输。

5．临时设施的布置

单位工程临时设施分生产性和生活性两类，生产性临时设施主要包括各种料具仓库、加工棚等；生活性临时设施主要包括行政、管理、住宿、食堂、福利用房等，布置生活性临时设施时，应遵循使用方便，有利施工，保证安全的原则。

临时设施应尽可能采用活动式、装拆式结构，或就地取材设置，门卫、收发室等应设在现场出入口处，办公室应靠近施工现场，生活性和生产性临时设施应有所区分，不要互相干扰。

6．临时供水、供电设施的布置

关于临时供水，应先进行用水量、管径等计算，然后进行布置，单位工程的临时供水网，一般采用枝状布置的方式，供水管径可以通过计算或查表选用，一般 5000～10000m$^2$ 的建筑物，其施工用水主管直径为 50mm，支管直径为 15～25mm，供水管分别接至各用水点（如：砖堆、石灰池、搅拌站等）附近，分别接出水龙头，以满足现场施工的用水需要，此外在保证供水的前提下，应使管线越短越好，以节约施工费用，管线可暗铺，也可明铺。

在临时供电方面，也应先进行用电量、导线等计算，然后进行布置，单位工程的临时供电线路，一般也采用枝状布置，其要求如下：

(1) 尽量利用原有的高压电网及已有的变压器。

(2) 变压器应布置在现场边缘高压线接入处，离地应大于 3m，四周设有高度大于 1.7m 的铁丝网防护栏，并设有明显的标志，不要把变压器布置在交通道口处。

(3) 线路应架设在道路一侧，距建筑物应大于 1.5m，垂直距离应在 2m 以上，木杆间距一般为 25～40m，分支线及引入线均应由杆上横担处连接。

(4) 线路应布置在起重机械的回转半径之外，否则必须搭设防护栏，其高度要超过线路 2m，机械运转时还应采取相应的措施，以确保安全，现场机械较多时，可采用埋地电缆代替架空线，以减少互相干扰。

(5) 供电线路跨过材料、构件堆场时，应有足够的安全架空距离。

(6) 各种用电设备的闸刀开关应单机单闸，不允许一闸多机使用，闸刀开关的安装位置应便于操作。

(7) 配电箱等在室外时，应有防雨措施，严防漏电短路及触电事故。

## 第五节 单位工程施工组织设计编制

单位工程施工组织设计是对拟建单位工程项目的施工所作的全面规划及安排，是用以指导整个施工活动的技术经济和组织的综合性文件。在编制单位工程施工组织设计中应根据工程的具体特点、建设要求、施工条件，从实际和可能的条件出发。

单位工程施工组织设计的内容如下：

(一) 工程概况

1．工程建设概述

说明拟建工程的建设单位、工程性质和用途；资金来源及工程造价（投资额）；工期要求；设计单位、监理单位、施工单位名称；上级有关文件和要求；施工图纸情况（是否出齐、会审等）；施工合同等有关内容以及拟建工程周围环境图。

2．建设设计概况

介绍建筑平面形状、平面组合、层数、建筑面积、层高、总高；说明装修工期内、外装饰材料、做法和要求；楼地面材料种类和做法；门窗种类、油漆要求；天棚构造；屋面保温隔热及防水层做法等。其中对新结构、新材料、新工艺等应特别说明。对建筑施工中工程量大、施工要求高、难度大的项目也要作重点突出说明。

3．建筑结构概况

简述基础构造、埋置深度，有何特点和要点；承重结构类型；预制还是现浇；单件重量及高度、单件最大重量的构件高度及平面位置；楼梯做法及形式。其中对新结构、新材料、新工艺及结构施工的难点、重点以及其他结构特征应突出说明。

4．自然条件概况及施工条件概况

针对工程特点及现场施工单位的具体情况加以说明。其内容包括工程地质、地层、土壤类别、地下水位、水质地形、地貌等情况；三通一平情况；材料供应及各种预制构件加工、供应条件；施工单位内部机械机具供应、运输各种建筑材料，特别是三大材料供应条件、运输能力和方式；劳动力，特别是主要施工项目的技术工种、数量平衡情况；企业管理条件及内部承包方式，劳动班组的组织形式、技术水平；现场暂设工程的解决办法等。

工程概况的介绍也可采用表格的形式，见表5-10所示。为了弥补文字叙述或表格介绍工程概况的不足，可绘制拟建工程平面、立面、剖面简图，图中注明轴线尺寸、总长、总宽、层高及总高等主要建筑尺寸，细部构造尺寸不用注出，以求图的简洁明了。

（二）施工方案

合理选择施工方案是单位工程施工组织设计的核心，是单位工程施工设计中带有决策性的重要环节，施工方案拟定时一般需对主要工程项目的几种可能采用的施工方法作技术经济比较，然后选择最优方案作为编制施工进度计划，设计施工平面图的依据。

在拟定施工方案之前应先研究决定下列几个主要问题

1．整个房屋的施工开展程序，施工应划分成几个施工阶段及每个施工阶段中需配备哪些主要机械。

工 程 概 况  表5-10

| 建设单位 | | 建 筑 结 构 | | 装修要求 | |
|---|---|---|---|---|---|
| 设计单位 | | 层数 | | 屋架 | | 内粉 | |
| 监理单位 | | 基础 | | 吊车梁 | | 外粉 | |
| 施工单位 | | 墙体 | | 跨度 | | 门窗 | |
| 建筑面积（m²） | | 柱 | | 跨数 | | 楼面 | |
| 工程造价（万元） | | 梁 | | 桩的规格 | | 地面 | |
| 计划 | 开工日期 | | 楼板 | | | 顶棚 | |
| | 竣工日期 | | 总高 | | | | |

续表

| 建 设 单 位 | | | 建 筑 结 构 | 装 修 要 求 | |
|---|---|---|---|---|---|
| 编制说明 | 上级文件和要求 | | | 地质情况 | |
| | 施工图说明 | | | 地下水位 | 最 高 |
| | | | | | 最 低 |
| | | | | | 常 年 |
| | 合同签订情况 | | | 雨量 | 日最大量 |
| | | | | | 一次最大 |
| | | | | | 全 年 |
| | 土地征购情况 | | | 气温 | 最 高 |
| | | | | | 最 低 |
| | | | | | 平 均 |
| | 三通一平情况 | | | 其他 | |

2. 工程施工中哪些构件是现场预制，哪些构件由预制厂供应，工程施工中需配备多少劳动力和各种设备。

3. 结构吊装和设备安装应如何配合，有哪些协作单位。

4. 施工总工期及完成各主要施工阶段的控制日期。

然后将以上研究决定的主要问题与其他需要解决的有关施工组织与技术问题结合起来，拟定出整个单位工程的施工方案（详细内容在本章第二节中已叙述）。

（三）施工进度计划

单位工程施工进度计划是用图表的形式表明一个拟建工程从施工准备到开始施工，直至工程全部竣工的计划工期。它是施工组织设计的中心内容。

编制单位工程施工进度计划的步骤是：划分施工过程并计算工程量，确定劳动量和机械台班量；确定各分部分项工程的工作天数及其相互搭接；编制施工进度。单位工程施工进度计划编制时，还要编制劳动力、材料、构件、施工机具等需要量计划。（详细内容在本章第三节已叙述）。

施工进度计划的编制程序如图5-35所示。

（四）施工准备工作及各项资源需要量计划

单位工程施工进度计划编出后，即可着手编制施工准备工作计划和劳动力及物资需要量计划。这些计划也是施工组织设计的组成部分，是施工单位安排施工准备及劳动力和物资供应的主要依据。

1. 施工准备工作计划

单位工程施工前，应编制施工准备工作计划，其内容一般包括：技术准备、物资准备、现场准备等，其计划表格形式见表5-11。

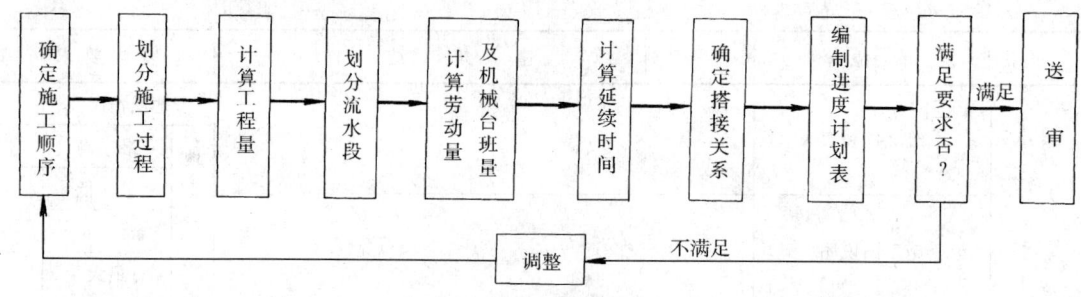

图 5-35 进度计划编制程序

**施工准备工作计划** 表 5-11

| 序号 | 施工准备工作项目 | 工程量 | | 负责队组或人 | 进 度 | |
|---|---|---|---|---|---|---|
| | | 单位 | 数量 | | ××月 1 2 3 4… | ××月 1 2 3 4… |
| | | | | | | |

### 2. 劳动力需要量计划

主要根据确定的施工进度计划提出,其方法是按进度表上每天所需人数分工种分别统计,得出每天所需工种及人数,按时间进度要求汇总编出。其表格形式见表 5-12。

**劳动力需要量计划** 表 5-12

| 序号 | 工种名称 | 人数 | 月 上中下 | 月 上中下 | 月 上中下 | 月 上中下… |
|---|---|---|---|---|---|---|
| | | | | | | |
| | | | | | | |

### 3. 施工机械、主要机具需要量计划

主要根据单位工程分部分项施工方案及施工进度计划要求,提出各种施工机械、主要机具的名称、规格、型号、数量及使用时间,其表格形式见表 5-13。

**施工机械、主要机具需要量计划** 表 5-13

| 序号 | 机械及机具名称 | 规格型号 | 需要量 | | 机械来源 | 使用起止日期 | | 备注 |
|---|---|---|---|---|---|---|---|---|
| | | | 单位 | 数量 | | 月/日 | 月/日 | |
| | | | | | | | | |

### 4. 预制构件需要量计划

这种计划是根据施工图、施工方案及施工进度计划要求编制的,主要反映施工中各种

预制构件的需用量及供应日期，作为落实加工单位，按所需规格数量和使用时间组织构件加工和进场的依据。其计划表格形式见表 5-14。

**预制构件需要量计划**　　　　　　　　　　　　　　表 5-14

| 序号 | 构件、加工半成品名称 | 图号和型号 | 规格尺寸（mm） | 单位 | 数量 | 需求供应起止日期 | 备注 |
|---|---|---|---|---|---|---|---|
|  |  |  |  |  |  |  |  |

5．主要材料需要量计划

这种计划是根据施工预算、材料消耗定额和施工进度计划编制的，主要反映施工中各种主要材料的需要量，作为备料、供料和确定仓库、堆场面积及运输量的依据。编制时应提出材料的名称、规格、数量、使用时间等要求，其计划表格形式见表 5-15。

**主要材料需要量计划**　　　　　　　　　　　　　　表 5-15

| 序号 | 材料名称 | 规格 | 需要量 | | 需要时间 | | | | | | | | | | 备注 |
|---|---|---|---|---|---|---|---|---|---|---|---|---|---|---|---|
|  |  |  | 单位 | 数量 | ×月 | | | ×月 | | | ×月 | | | ×月 | |
|  |  |  |  |  | 上 | 中 | 下 | 上 | 中 | 下 | 上 | 中 | 下 | 上 | 中 | 下 |
|  |  |  |  |  |  |  |  |  |  |  |  |  |  |  |  |

6．运输计划

如果由施工单位组织运输材料和构件，则应编制运输计划。它以施工进度计划及上述各种资源需要量计划为编制依据，所反映的内容见表 5-16。这种计划可作为组织运输力量、保证资源按时进场的依据。

**工程运输计划**　　　　　　　　　　　　　　表 5-16

| 序号 | 需运项目 | 单位 | 数量 | 货源 | 运距（km） | 运输量（t·km） | 所需运输工具 | | | 需用起止时间 |
|---|---|---|---|---|---|---|---|---|---|---|
|  |  |  |  |  |  |  | 名称 | 吨位 | 台班 |  |
|  |  |  |  |  |  |  |  |  |  |  |

（五）施工平面图

单位工程施工平面图的布置是一幢建筑物或构筑物为对象，它是施工组织设计在空间上的体现，是合理利用施工现场的科学依据，是施工组织设计的主要内容之一。它绘制的比例一般为 1:200～1:500。

施工平面图设计就是结合工程特点和现场条件，按照一定的设计原则，对施工机械、施工道路、材料构件堆放、临时设施、水、电管线等，进行平面的规划和布置，将布置方案绘制成图。

施工平面图设计步骤一般是：确定起重运输机械的位置──→确定搅拌站、加工棚、仓库、材料及构件堆场的尺寸和位置──→布置运输道路──→布置临时设施──→布置水电管线──→布置安全消防设施──→调整优化（详细内容在本章第四节中已叙述）。

（六）主要技术组织措施

技术组织措施应在严格执行施工验收规范、检验标准、操作规程的前提下，针对工程施工的特点制订。

1．技术措施

对新材料、新结构、新工艺、新技术的应用，对高耸、大跨度、重型构件以及深基础、设备基础、水下和弱地基项目，均应编制相应的技术措施。其内容包括：

（1）需要表明的平面、剖面示意图以及工程量一览表；

（2）施工方法的特殊要求和工艺流程；

（3）水下及冬雨季施工措施；

（4）技术要求和质量安全注意事项；

（5）材料、构件和机具的特点、使用方法及需用量。

2．质量措施

保证质量措施，可以从以下几个方面来考虑：

（1）确保定位放线、标高测量等准确无误的措施；

（2）确保地基承载力及各种基础、地下结构施工质量措施；

（3）确保主体结构中关键部位施工质量的措施；

（4）确保屋面、装修工程施工质量的措施；

（5）保证质量的组织措施（如人员培训、编制工艺卡及质量检查验收制度）。

3．安全措施

保证安全施工的措施，可以从以下几个方面考虑：

（1）保证土石方边坡稳定的措施；

（2）脚手架、吊篮、安全网的设置及各类洞口、临边防止人员坠落的措施；

（3）外用电梯、井架及塔吊等垂直运输机具拉结要求和防倒塌措施；

（4）安全用电和机电设备防短路、防触电的措施；

（5）易燃易爆有毒作业场所的防火、防爆、防毒措施；

（6）季节性安全措施，如雨期的防洪、防雨，夏季的防暑降温，冬期的防滑、防火等措施；

（7）现场周围通行道路及居民保护隔离措施；

（8）保证安全施工的组织措施，如安全宣传、教育及检查制度等。

4．降低成本措施

应根据工程情况，按分部分项工程逐项提出相应的节约措施，计算有关技术经济指标，分别列出节约工料数量与金额，以便衡量降低成本的效果（对于一般工程，降低成本措施也可用表格形式表达）。

（1）合理进行土石方平衡，以节约土方运输及人工费；

（2）综合利用吊装机械，减少吊次，以节约台班费；

（3）提高模板精度，采用整装整拆，加速模板周转，以节约木材或钢材；

（4）混凝土砂浆中掺加外加剂或掺合料（如粉煤灰、硼泥等）以节约水泥；

（5）采用先进的钢筋焊接技术（如气压焊等）以节约钢筋；

（6）构件及半成品采用预制拼装、整体安装的方法，以节约人工费、机械费等。

5．现场文明施工措施

文明施工是指保持施工场地整洁、卫生、施工组织科学、施工程序合理的一种施工现象。文明施工或场容管理一般包括以下内容：

（1）施工现场的围栏与标牌设置，出入口交通安全，道路畅通，场地平整，安全与消防设施齐全；

（2）临时设施的规划与搭设，办公室、更衣室、食堂、厕所的安排与环境卫生；

（3）各种材料、半成品、构件的堆放与管理；

（4）散碎材料、施工垃圾的运输及防止各种环境污染；

（5）成品保护及施工机械保养。

## 第六节　施工组织设计实例

### 一、工程概况与施工条件

（一）工程概况

1．工程建设概况

本工程为××新区××厂锅炉房项目，地处××市××新区。建设单位××厂扩建指挥部；设计单位××市××设计院；施工单位××建筑工程公司下属第六项目经理部。施工单位承包全部土建和设备安装任务。本工程造价为××万元，工程施工合同已签订。

2．建筑设计概况

本工程为单层锅炉房，平面呈矩形，总长度 16.55m，宽 11.4m，建筑面积 188.67$m^2$。该工程为单层高低跨，其中高跨的高度 7.5m；低跨的高度为 4m。室内地坪为±0.00，室外地坪为−0.15，女儿墙为 0.5m（见图 5-36）。本工程地面均为素土夯实铺 70 厚清水道碴，50 厚 C10 混凝土垫层，30 厚水泥石膏面层粉光，外墙面勒脚为水刷面粉面，其余混凝土结构均为 1:2 水泥砂浆粉刷；内墙面 20 厚 1:3 底纸筋粉面，1200 高水泥砂浆台度；屋面板底及框架为纸筋灰粉面，外刷 803 涂料二遍。混凝土柱为 1:3 水泥砂浆粉面；屋面采用 C20 混凝土浇捣屋面板，水泥砂浆找平，刷冷底子油二遍，二毡三油一砂。挑沿天沟为水泥砂浆粉刷。门窗采用 SC-1 定型钢窗，纤维板满鼓木门以及钢板大门（平开），油漆为一底二度调合漆，配 3mm 白片玻璃，落水管均为 φ150 铸铁水管。

3．结构概况

本工程为现浇钢筋混凝土框架结构。基础埋深 1.6m，在 100 厚 C10 素混凝土垫层上做独立基础，在 C15 素混凝土带形基础上做条形砖基础，内设 30 厚防潮层；主体结构为框架柱梁承重，C20 现浇混凝土，外墙钢门设门框柱，内墙和外墙交接处均设柱；屋面采用 C20 混凝土现浇屋面板。

（二）施工条件及特点分析

1．施工条件

本工程位于厂区内，厂外交通方便，厂内施工现场宽敞，便于施工。

(1) 开、竣工日期：1995年4月1日开工，5月30日竣工，日历工期60天。

(2) 气温和雨情：该地区最高温度为38℃，最低气温为-3℃；施工开始后，气温逐月上升，8月初最高；以后逐步下降，元月初最低；6月下旬至9月为雨季，雨量：大暴雨最高纪录为160mm左右，雨季雨量历年最高纪录为290mm；主导风向：北偏西，本工程施工未涉及到冬、雨期，只是涉及到清明时期的小量雨期。

(3) 土壤及地下水：土的类别为Ⅱ类土，土质良好，常年地下水位为-1.8m左右。

(4) 建筑材料、构配件及供应：全部钢筋混凝土构件均为现场浇捣；"三材"即：水泥、钢材、木材由建设单位提供；木门窗现场制作，全部钢门窗由市金属结构厂预订供应；其他材料均自行采购按时进入施工现场。

(5) 施工水电：本工程施工现场用水，可从厂内的泵房引入，用电可从厂内的变电所接出，均由本厂提供，满足施工需要。

由于工程在厂区内，因此，现场不设食堂、宿舍，由厂部提供，只搭设临时办公用房、木工棚、钢筋棚等临时设施。现场"三通一平"已由施工单位全部落实。

2．工程特点分析

本工程为一般框架结构单层房屋，工程量不大，但施工要求必须符合规范标准，装修无特殊要求，为了保证按期竣工，除各项材料、配件等应按照计划及时供应外，还应在施工中做好各施工项目的相互交叉配合，土建与水电等协调配合施工，避免返工修补，减少二次用工。

二、主要分部分项工程施工方案

(一) 施工顺序、施工起点流向

根据"先地下后地上，先主体后围护，先结构后装饰，先土建后设备"的原则，本工程总的施工顺序为：基础施工阶段——→主体结构施工阶段——→装饰准备阶段——→屋面及装饰施工阶段。基础分部工程完成后立即进行回填土，以免影响上部结构施工。水电卫随基础、结构同步进行。

施工起点流向：基础工程不分施工段，采取由高跨到低跨的施工流向；主体结构不分施工段，平面上采取由高跨到低跨的流向，竖向上采取自下而上的施工流向；屋面工程不分施工段，采取先高后低的施工流向；装饰工程，外装饰在女儿墙压顶完成后，采取自上而下的施工流向，内装饰采取自下而上的施工流向。

(二) 施工方法及施工机械、技术措施

1．基础工程

划分挖土、垫层、带基和独基、砖基回填土等五个施工过程。挖土及回填土均采用斗容量为$0.5m^2$的抓斗挖土机施工。按施工流向进行基坑大开挖，基坑的四周各留0.5m宽的工作面，放坡的坡度为1:0.33，基坑土方量$463.92m^3$，除回填土所需$350.58m^3$暂堆放在坑边，其余的土均用双轮车运至场外指定地点，挖土与垫层紧密配合，以防下雨基坑积水，影响地基的承载能力，基础完成，在回填土之前，由质量监督部门检验，并及时回填土夯实。本工程设备基础采取"封闭式"施工方法。

2．主体工程

划分为绑扎钢筋、支撑柱梁板模板、浇捣混凝土、养护及拆模、砌砖墙、现浇门框柱、雨篷等六个施工过程。外围采用双排钢管扣件脚手架；垂直运输及吊装机具采用角钢井字架1座；模板均为木模板施工，经木工棚加工运至现场，钢筋经钢筋棚加工运至现场，但必须经过技术员复核后才能施工；柱、梁、板现浇混凝土一律采用C20混凝土浇筑前必须进行检验；墙体砌筑采取一顺一丁，如内外墙有交接处，应留踏步槎；混凝土及砂浆应按规定作试块。

3．屋面工程

划分为水泥砂浆找平、养护、刷冷底子油二遍、二毡三油一砂等施工过程。水泥砂浆找平后待充分干燥，再做冷底子油及油毡防水层；绿豆砂应淘洗，预热干燥后才准使用；熬制沥青胶应控制温度，熬制时间不超过4h。沥青胶满涂，油毡贴实，接头搭边长度：端头搭接不小于500mm，纵边搭接不小于100mm，接头必须粘接牢靠，不得有翘边现象。

4．装饰准备及装饰工程

装饰准备为搭设内墙满堂脚手架、木门框及钢窗安装、双面嵌缝等。装饰工程划分为外墙面抹灰、内墙面抹灰、门窗侧边及雨篷抹灰、天棚抹灰、木装修、内墙刷803涂料、门窗等油漆、楼面地面找平抹面、玻璃安装、散水及明沟压抹、其他零星工程。装饰工程内容多，以抹灰为主导施工过程，在保证质量和技术要求（如做好养护）以及在有工作面的条件下，各施工过程按照工艺的要求，组织好内外及上下平行立体交叉流水施工。

楼面地面的面层施工应做好提浆、抹平、收水后要压实抹光；淋水养护5～7天，再开始室内其他施工；墙面抹灰做到棱直面平；各种油漆施工应严格按操作工序进行。

5．水电卫管线工程

基础完成后，回填土之前，各种地下给、排水管线均应一道配合施工，留出地面上的管口做好封口；电线管的施工同样如此，与土建紧密配合同步交叉施工。

### 三、施工进度计划

根据施工方案及有关施工条件和工期要求等经调整，其进度计划见图5-37。

### 四、施工准备及各项资源需用量计划（略）

### 五、施工平面图设计

根据现场施工条件以及施工需要，搭设搅拌站、木工加工棚、钢筋加工棚、工具库、办公室等。详见图5-38。

### 六、质量和安全措施

（一）质量措施

1．施工前认真做好技术交底，各分部分项工程均严格执行施工及验收规范。

2．严格执行各项质量检验制度。在自检、互检、交接检的基础上，分项验收评定质量；及时办理隐蔽工程验收手续。

3．严格执行各种材料验收及试配制度，做好材料配合比。

4．做好成品的保护工作。

（二）安全措施

1．设制安全岗位责任制，专职安全员负责整个施工场地的检查工作。检查的重点是安全帽、脚手架、机械设备以及安全用电等。

2．生产任务的下达，同时必须做好安全交底，各工种操作人员严格执行安全操作规范。

3．易燃物品的周围不能堆放其他物品，并且设消防栓，明火作业应经主管部门批准，

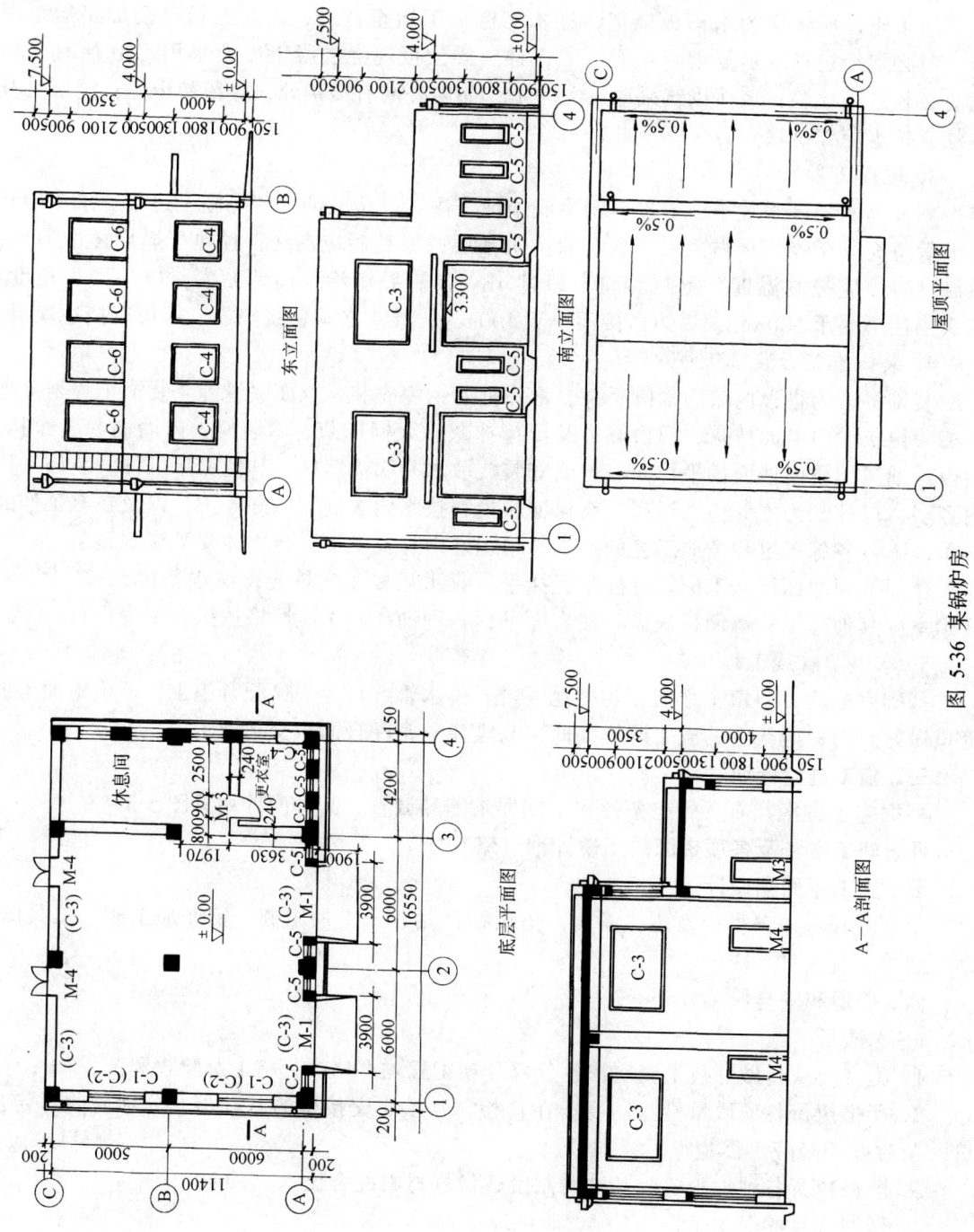

图 5-36 某锅炉房

| 序号 | 分部分项工程名称 | | 工程量 | | 每天工作班次 | 每班工作人数 | 产量定额 | 劳动量或机械台班量 | 工作延续天数 | 施工进度（天） |
|---|---|---|---|---|---|---|---|---|---|---|
| | | | 单位 | 数量 | | | | | | 1 2 3 4 5 6 7 8 9 10 11 12 13 14 15 16 17 18 19 20 21 22 23 24 25 26 27 28 29 30 31 32 33 34 35 36 37 38 39 40 41 42 43 44 45 46 47 48 49 50 51 52 53 54 55 56 57 58 59 60 61 62 63 64 65 66 67 68 69 70 |
| 1 | 基础工程 | 基坑大开挖 | m³ | 443.40 | 2 | 1(机械) | 55.60 | 8 | 4 | |
| 2 | | 素混凝土垫层(支模/浇筑) | m²/m³ | 114.4/8.73 | 1 | 8 | 29.3/2.54 | 8 | 1 | |
| 3 | | 钢筋混凝土带基、独基、基础梁(支模/浇筑) | m²/m³ | 36.38/32.79 | 1 | 9 | 4.86/7.04 | 13 | 2 | |
| 4 | | 砖基础及防潮层 | m³/m² | 19.01/16.01 | 1 | 12 | 1.12/53.76 | 18 | 2 | |
| 5 | | 回填土及运土方 | m²/m³ | 383.35/60.05 | 1 | 10 | 58.6/4.8 | 19 | 2 | |
| 6 | 主体工程 | 框架柱、梁、板模板 | m² | 359.57 | 1 | 14 | 4.58 | 79 | 6 | |
| 7 | | 框架柱、梁、板浇筑混凝土 | m³ | 43.02 | 1 | 12 | 1.33 | 33 | 3 | |
| 8 | | 砌筑外墙(一砖)、内墙(半砖) | m³ | 66.21 | 1 | 12 | 2.22 | 30 | 3 | |
| 9 | | 门框柱、雨篷、预制过梁 | m²/m³ | 37.23/2.48 | 1 | 8 | 2.43/0.72 | 19 | 3 | |
| 10 | 装饰准备阶段 | 外墙钢管双排脚手架(5步、3步) | m | 49.9/10.9 | 1 | 6 | 2.5/4.2 | 23 | 4 | |
| 11 | | 内墙满堂脚手架(4步、2步) | m² | 130.74/16.72 | 1 | 6 | 9.6/14.2 | 15 | 3 | |
| 12 | | 木门框安装 | 樘(m²) | 3 | 1 | 1 | 12.9 | 1 | 1 | |
| 13 | | 钢窗安装 | 樘(m²) | 2.6 | 1 | 8 | 3.4 | 8 | 1 | |
| 14 | | 钢板大门安装 | m² | 10.89 | 1 | 8 | 0.85 | 13 | 2 | |
| 15 | | 门窗双面嵌缝 | m | 203.4 | 1 | 5 | 20 | 10 | 2 | |
| 16 | 屋面及装饰工程 | 屋面二毡三油一砂 | m² | 170.68 | 1 | 7 | 25.8 | 7 | 1 | |
| 17 | | 外墙面及外墙勒脚水刷石粉刷 | m² | 307.48/26.52 | 1 | 15 | 3.95/3.95 | 84 | 6 | |
| 18 | | 内墙面、板梁底抹灰 | m² | 520.33 | 1 | 15 | 9.43 | 56 | 4 | |
| 19 | | 门窗侧边、雨篷、窗盘粉刷 | m² | 22.49 | 1 | 8 | 2.96 | 8 | 1 | |
| 20 | | 内墙面、板、梁底涂料(刷803涂料) | m² | 520.33 | 1 | 6 | 86.95 | 6 | 1 | |
| 21 | | 木门窗安装及贴脸、锁、定位器 | 扇/m | 3/15 | 1 | 2 | 6.8/46.5 | 2 | 1 | |
| 22 | | 木门、钢门、雨水管、检修梯油漆 | m²/m | 31.87/30.12 | 1 | 2 | 9.42/46 | 4 | 2 | |
| 23 | | 明沟、散水坡粉刷 | m/m² | 39.54/15.24 | 1 | 3 | 9.9/28.3 | 5 | 2 | |
| 24 | | 其他零星工程 | | | | | | | | |
| 25 | 水电设备 | 水、电管线安装 电气设备安装 | | | | | | | | |

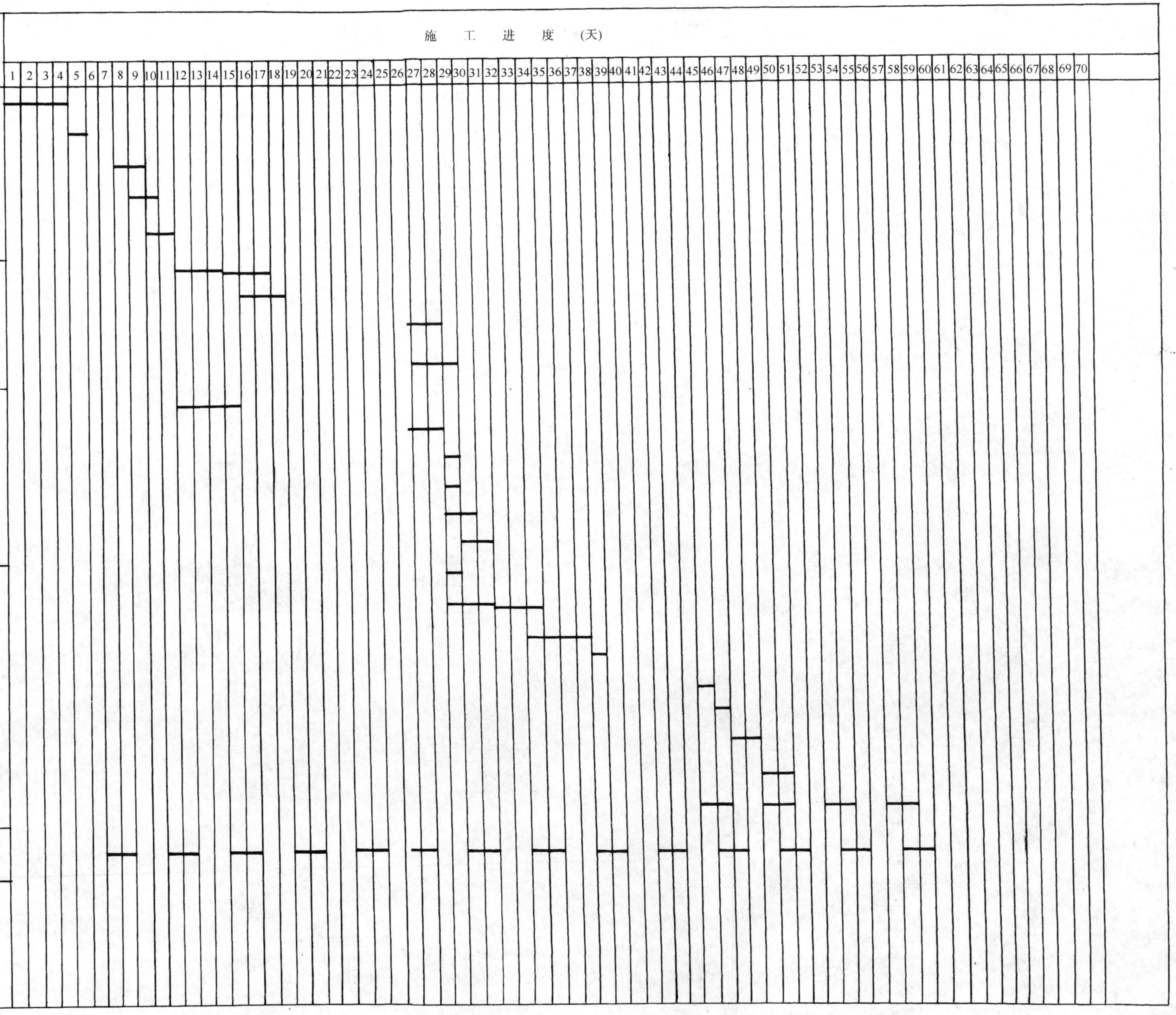

图 5-37 施工进度计划

井字架1座；模板均为木模板施工，经木工棚加工运至现场，钢筋经钢筋棚加工运至现场，但必须经过技术员复核后才能施工；柱、梁、板现浇混凝土一律采用C20混凝土浇筑前必须进行检验；墙体砌筑采取一顺一丁，如内外墙有交接处，应留踏步槎；混凝土及砂浆应按规定作试块。

3．屋面工程

划分为水泥砂浆找平、养护、刷冷底子油二遍、二毡三油一砂等施工过程。水泥砂浆找平后待充分干燥，再做冷底子油及油毡防水层；绿豆砂应淘洗，预热干燥后才准使用；熬制沥青胶应控制温度，熬制时间不超过4h。沥青胶满涂，油毡贴实，接头搭边长度：端头搭接不小于500mm，纵边搭接不小于100mm，接头必须粘接牢靠，不得有挠边现象。

4．装饰准备及装饰工程

装饰准备为搭设内墙满堂脚手架、木门框及钢窗安装、双面嵌缝等。装饰工程划分为外墙面抹灰、内墙面抹灰、门窗侧边及雨篷抹灰、天棚抹灰、木装修、内墙刷803涂料、门窗等油漆、楼面地面找平抹面、玻璃安装、散水及明沟压抹、其他零星工程。装饰工程内容多，以抹灰为主导施工过程，在保证质量和技术要求（如做好养护）以及在有工作面的条件下，各施工过程按照工艺的要求，组织好内外及上下平行立体交叉流水施工。

楼面地面的面层施工应做好提浆、抹平、收水后要压实抹光；淋水养护5~7天，再开始室内其他施工；墙面抹灰做到棱直面平；各种油漆施工应严格按操作工序进行。

5．水电卫管线工程

基础完成后，回填土之前，各种地下给、排水管线均应一道配合施工，留出地面上的管口做好封口；电线管的施工同样如此，与土建紧密配合同步交叉施工。

三、施工进度计划

根据施工方案及有关施工条件和工期要求等经调整，其进度计划见图5-37。

四、施工准备及各项资源需用量计划（略）

五、施工平面图设计

根据现场施工条件以及施工需要，搭设搅拌站、木工加工棚、钢筋加工棚、工具库、办公室等。详见图5-38。

六、质量和安全措施

（一）质量措施

1．施工前认真做好技术交底，各分部分项工程均严格执行施工及验收规范。

2．严格执行各项质量检验制度。在自检、互检、交接检的基础上，分项验收评定质量；及时办理隐蔽工程验收手续。

3．严格执行各种材料验收及试配制度，做好材料配合比。

4．做好成品的保护工作。

（二）安全措施

1．设制安全岗位责任制，专职安全员负责整个施工场地的检查工作。检查的重点是安全帽、脚手架、机械设备以及安全用电等。

2．生产任务的下达，同时必须做好安全交底，各工种操作人员严格执行安全操作规范。

3．易燃物品的周围不能堆放其他物品，并且设消防栓，明火作业应经主管部门批准，

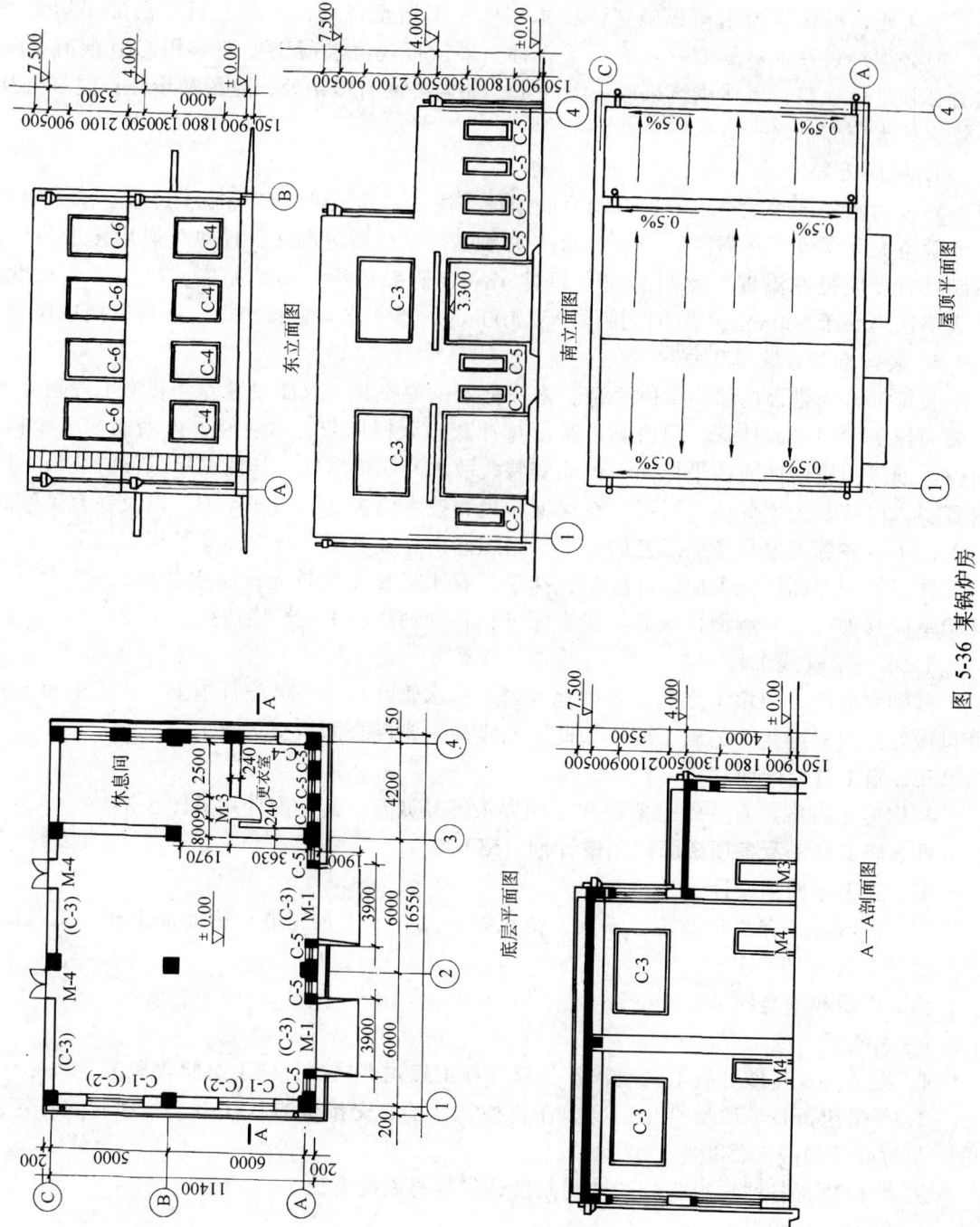

图 5-36 某锅炉房

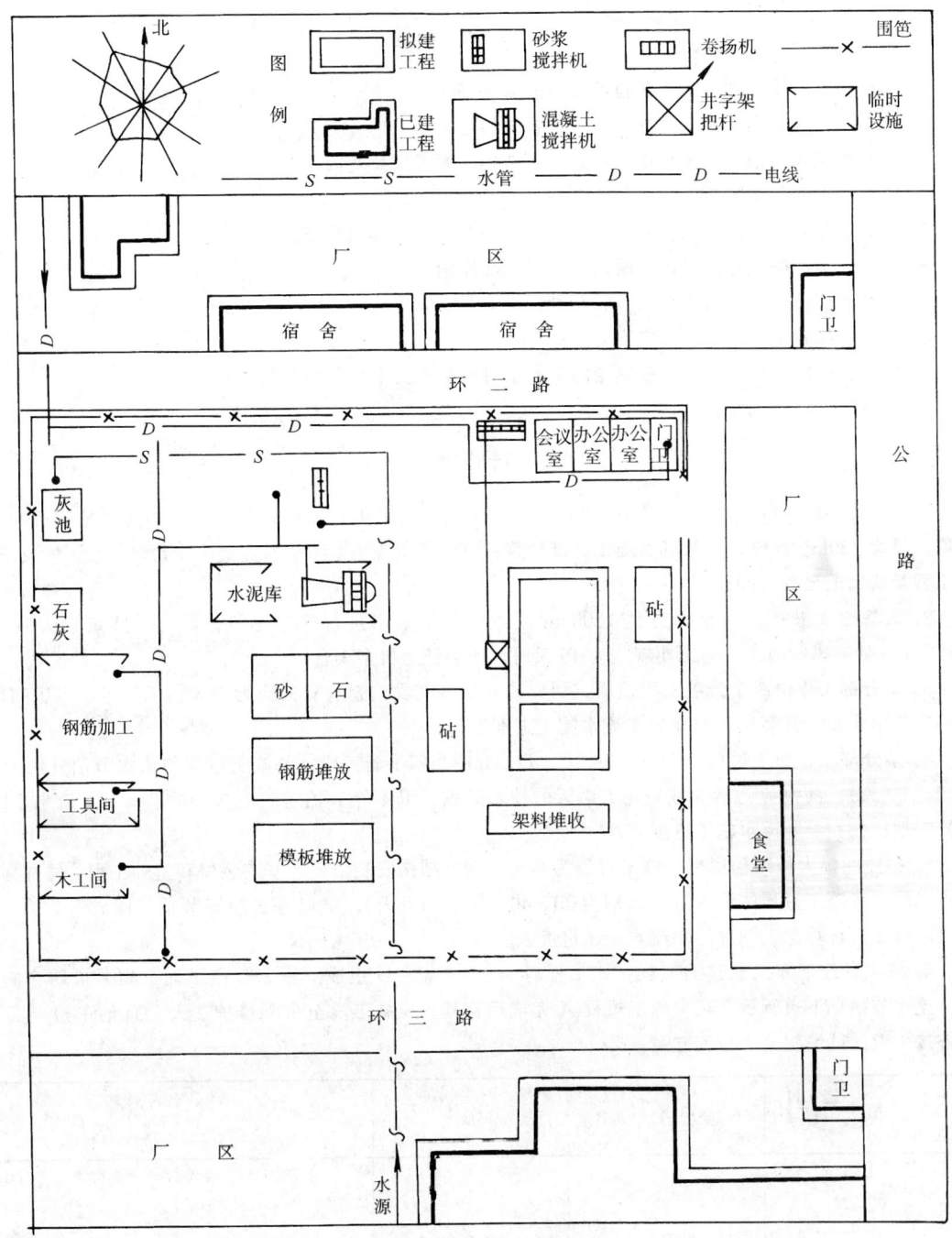

图 5-38 施工平面图

并设专人看管。

4. 加强雨期施工的各项安全措施。

## 复习思考题

1. 组织施工有哪几种方式？各自的特点有哪些？
2. 流水施工组织中，主要参数有哪些？各自的含义？
3. 什么叫流水节拍与流水步距？确定流水节拍时要考虑哪些因素？
4. 流水施工按节拍特征不同可分为哪几种方式？
5. 组成双代号网络图的三要素是什么？试述各要素的含义和特征？
6. 什么叫虚工序？它在双代号网络图中起什么作用？
7. 什么叫逻辑关系？网络计划有哪两种逻辑关系？有什么区别？
8. 单位工程施工组织设计的内容有哪些？
9. 施工方案的内容有哪些？在制定施工方案时的基本要求有哪些？
10. 主要技术组织措施包括哪些内容？

## 计算题

1. 某工程项目的基础工程土方量 5800$m^3$，土的质量为二类，采用大开挖，安排两台挖掘机挖土，台班产量为 480$m^3$/台班，且两班制施工。试计算：(1) 完成该土方工程所需要多少台班？(2) 完成该土方工程量所需的延续时间？

2. 某基槽大开挖，共有土方量 18000$m^3$，施工单位采用自行式铲运机，每台时间定额为 0.005 台班/$m^3$。分三班制施工，当工期规定为 15 天时，所需铲运机多少台？

3. 某分部工程由四个分项工程组成，划分成五个施工段，流水节拍均为 2 天，无技术、组织间歇，试确定流水步距，计算工期，并绘制流水施工进度表。

4. 某分部工程施工过程分为 A、B、C、D，分解为四个施工段，各施工过程的流水节拍分别为 2、3、2、4（天），其中 B 过程完成后需有两天的技术间歇，以不等节拍组织流水。试求：(1) 流水步距；(2) 工期；(3) 绘制流水施工进度表。

5. 拟建四幢大板结构房屋，施工过程为基础工程、结构安装工程、室内装修和室外工程，每幢为一个施工段，各施工过程的流水节拍分别为 20、40、60、40（天），试以等步距异节拍（即成倍节拍）组织流水施工，计算总工期并绘制流水施工进度表。

6. 某项目经理部拟承建一工程，该工程有 A、B、C、D 组成。施工时在平面上划分成四个施工段，流水节拍见下表所示。规定施工过程 A 完成后，其相应施工段至少要养护 2 天，而允许 D 与 C 之间搭接 1 天，试编制流水施工方案。

| 流水节拍(t) 施工过程(n) 施工段(m) | A | B | C | D |
|---|---|---|---|---|
| ① | 3 | 1 | 2 | 4 |
| ② | 2 | 3 | 1 | 2 |
| ③ | 2 | 5 | 3 | 3 |
| ④ | 4 | 3 | 5 | 3 |

7. 某分部工程划分为三个施工段，施工过程分解为支模、扎筋、浇混凝土。流水节拍分别为 4、2、2（天），试按题意作成双代号网络计划。

8. 已知：A、B 无紧前工作，C 紧前工作为 A；D 的紧前工作为 A、B；E 的紧前工作为 B。试绘出双代号网络图。

9. 根据以下资料，绘制成双代号网络图，要求箭杆不相交，并计算时间参数 ES、EF、LS、LF、

TF、EF。

| 工作名称 | A | B | C | D | E | F | G | H | I | J |
|---|---|---|---|---|---|---|---|---|---|---|
| 紧前工序 | — | — | A | B、E | A | B、E | C、D、F | C、F | G、H | C、F |
| 紧后工序 | C、F | F、D | G、J、H | G | F、D | G、H、J | I | I | — | — |
| 延续时间（天） | 4 | 8 | 6 | 7 | 3 | 10 | 10 | 12 | 5 | 8 |

10．根据以下资料，绘制成双代号网络图，要求箭杆不相交，并计算时间参数 $ES$、$EF$、$LS$、$LF$、$TF$、$FF$，标出关键线路及计划工期。

| 工作名称 | A | B | C | D | E | F | G | H | I |
|---|---|---|---|---|---|---|---|---|---|
| 紧前工序 | — | A | A | B | B | C、E | C、E | D、F | D、F、G |
| 紧后工序 | B、C | D、E | F、G | H、I | F、G | H、I | I | — | — |
| 延续时间（天） | 10 | 20 | 30 | 15 | 5 | 10 | 15 | 20 | 10 |

11．根据以下资料，绘制成双代号网络图，要求箭杆不相交，并计算时间参数 $ES$、$EF$、$LS$、$LF$、$TF$、$FF$，标出关键线路及计划工期。

| 工作名称 | A | B | C | D | E | F | G | H | I |
|---|---|---|---|---|---|---|---|---|---|
| 紧前工作 | — | — | — | A | A | A | B、E | B、C、D、E、F | C、F |
| 作业天数 | 3 | 4 | 6 | 5 | 7 | 3 | 8 | 3 | 2 |

# 第六章 施工项目实施过程中的控制

施工项目经理部为保证项目达到某预定的目标,事先制订了各类计划,诸如进度计划、成本计划等,而要保证这些计划能顺利地实施,则必须在施工项目实施过程中进行必要的控制,使项目各要素能按照计划进行。本章着重介绍施工项目实施过程中的项目进度、项目成本以及项目质量控制。

## 第一节 施工项目控制概述

### 一、施工项目控制的意义

(一)施工项目控制的概念

所谓"控制",是指在实现行为对象目标的过程中,行为主体按预定的计划实施,在实施的过程中会遇到多种因素的干扰,行为主体通过检查收集到实施状态的信息,将它与原计划作比较以发现偏差并采取措施纠正这些偏差,从而保证计划正常实施,达到预定目标的全部活动过程。

施工项目控制的行为对象是施工项目,控制行为的主体是项目经理部,控制对象的目标构成目标体系。对不同的目标控制应分别编制不同专业计划,采用有专业特点的科学方法纠正由于各种干扰产生的偏差。

(二)施工项目控制的目的和意义

施工项目控制的目的是为了排除各种干扰因素的影响实现合同目标。实际上,施工项目控制是为了实现既定目标的一种手段。施工项目控制的意义在于它对于排除干扰因素的能动作用和保证既定目标实现的保证作用。如果没有施工项目的控制也就谈不上施工项目管理,更谈不上既定目标的实现。但是各种干扰因素产生后不主动找原因,采取措施加以解决,那将同样会影响目标的实现。

(三)施工项目控制的任务

施工项目控制的任务即对进度、成本、质量和安全等实施控制。以业主角度看控制,是对建设项目投资、进度、质量等三大目标的控制。而以施工项目经理部角度来看,则控制是对施工阶段的进度、成本、质量、安全及现场目标的控制,这五项目标既是施工项目的约束条件,也是施工效益的象征。施工项目目标控制的主要任务有以下几点:

1. 施工项目进度控制

即使施工顺序合理化,各工作之间衔接关系适当,以做到连续、均衡、有节奏地施工,实现计划工期,提前完成合同工期。

2. 施工项目成本控制

即为了实现项目施工规划中的降低成本措施,降低每个分项工程的直接成本,实现项目经理部盈利目标,实现公司利润目标及合同造价。

3．施工项目质量控制

即每个分部分项工程达到质量检验评定标准的要求,实现项目施工规划中保证施工质量而提出的技术组织措施和质量等级,保证合同规定的质量目标等级的实现。

4．施工项目安全控制

即要实现项目施工规划中的安全设计措施,控制劳动者、劳动手段和劳动对象,控制环境,最终实现安全目标,使人的行为安全、物的状态安全,并高度重视环境危险源。

5．施工项目施工现场控制

即要科学地组织施工,使场容场貌、料具堆放与管理、消防保卫、环境保护及职工生活均符合规定要求。

二、施工项目控制目标制订的依据和程序

（一）施工项目控制目标的制订依据

1．工程承包合同提出的建筑施工企业应承担的施工项目总目标。项目经理部与企业之间签订的内部承包责任合同中项目经理部的责任目标(控制目标)应以此制订。

2．国家的有关政策、法规、方针、规范、标准和定额。

3．生产要素市场的变化动态以及发展趋势。

4．有关文件、资料。如设计图纸、招标文件、施工规划等。

5．对于国外工程施工项目制订控制目标时,还应依据工程所在国的各种条件以及国际市场情况等因素。

（二）施工项目控制目标的制订程序

1．认真研究、核算工程承包合同中界定的施工项目控制总目标,收集制订控制目标的各种依据,为控制目标的落实作准备。

2．施工项目经理部与企业签订责任承包合同,订出项目经理部的控制目标。

3．项目经理部编制项目施工规划,确定施工项目的计划总目标。

4．制订施工项目的阶段控制目标和年度控制目标。

5．按时间、部门、人员 班组落实控制目标,明确责任。

6．责任者提出控制措施。

三、施工项目目标控制的手段和措施

（一）施工项目目标控制的手段

施工项目目标控制的手段主要是指控制方法和控制工具,每种目标控制都有其专业适用的控制方法,见表6-1。

各控制目标适用的目标控制方法　　　　表6-1

| 控制目标 | 主 要 适 用 方 法 |
|---|---|
| 进度控制 | 横道图计划法;网络计划法;"S"型曲线法;"前锋线"法等 |
| 成本控制 | 量本利分析法;偏差控制法;价值工程法;估算法等 |
| 质量控制 | 检查对比法;数理统计分析法;质量目标分解管理法;图表法等 |
| 安全控制 | 树枝图法;瑟利模式法;多米诺模型法等 |
| 施工现场控制 | PA SS方法;看板管理法;责任承担法等 |

（二）施工项目目标控制的措施

1．合同措施

施工项目的控制目标根据工程承包合同产生,又用责任承包合同落实到项目经理部。项目经理部通过签订劳务承包合同落实到作业班组。因此,合同措施在施工项目事前控制中发挥着重要作用。在事中控制时,施工项目目标的控制全部按合同办事,使之恢复正常。在市场经济条件下,合同是交易行为的必须,也是目标控制的必须。

2. 组织措施

组织是项目管理的载体,是目标控制的依托,是控制力的源泉。组织措施在制定目标、协调目标的实现、目标检查等环节都可以发挥十分活跃的能动作用。

3. 经济措施

经济是施工项目管理的保证,是目标控制的基础。目标控制中的资源配置和动态管理,劳动分配和物质激励,都对目标控制产生积极作用。

4. 技术措施

施工项目目标控制中所用的技术措施有两类:一是硬技术,即工艺(作业)技术;一是软技术,即管理技术。管理技术在项目目标控制中尤其要引起高度重视。

## 第二节 项目实施阶段的进度目标控制

### 一、项目施工进度控制的概念、任务和作用

(一) 项目施工进度控制的概念

项目施工进度控制是指在既定的工期内编制出最优的施工进度计划,在执行该计划中经常检查施工实际进度情况,并将其与计划进行比较,若出现偏差便分析原因以及对工期的影响程度,进行必要地调整,修改原计划,不断地如此循环,直至工程竣工验收。进度控制的目标就是确保施工项目的既定目标工期的实现,或者在保证施工质量和不因此而增加施工实际成本的条件下,适当缩短施工工期。

(二) 项目施工进度控制的主要任务

1. 在施工总进度计划内,按期完成整个施工项目的任务。
2. 在单位工程进度计划的执行中,按期完成单位工程的施工任务。
3. 在分部分项工程施工进度计划的控制和执行中,按期完成分部分项工程施工任务。
4. 编制季度、月(旬)作业计划,并控制其执行,完成规定的进度目标。

(三) 项目施工进度控制的基本作用

1. 通过项目施工进度控制,可以有效地缩短项目建设周期。
2. 通过项目施工进度控制,可以落实承建单位各项施工规划,保证施工项目成本、进度和质量目标的顺利实现。
3. 通过项目施工进度控制,可以为防止或提出项目施工索赔提供依据。
4. 通过项目施工进度协调,可以减少不同单位和部门之间的相互干扰。

### 二、项目施工进度控制目标分解

(一) 项目施工进度控制目标分解依据

1. 项目施工进度规划的工期要求;
2. 项目组织、技术和协调要求;
3. 类似项目实际进度控制的经验资料;

4．项目投资条件；

5．项目劳动力和管理人员条件；

6．项目物资供应条件和其他条件。

(二) 项目施工进度目标分解的方法

施工项目的实施通常由三个阶段组成，即：项目施工准备、项目施工和项目竣工验收。为了保证项目施工规划目标的实现，项目施工进度控制目标也应按其实施过程分解为：项目施工准备进度目标、项目施工进度目标和项目竣工验收进度目标。本节重点介绍项目施工进度控制目标。

项目施工进度目标是项目施工进度总目标的组成部分之一，项目经理必须根据项目施工进度目标的具体要求，按照项目实施程序、进展阶段、承建单位、专业工种和建设规模等要求，对项目施工进度目标进行分解，如图6-1所示。

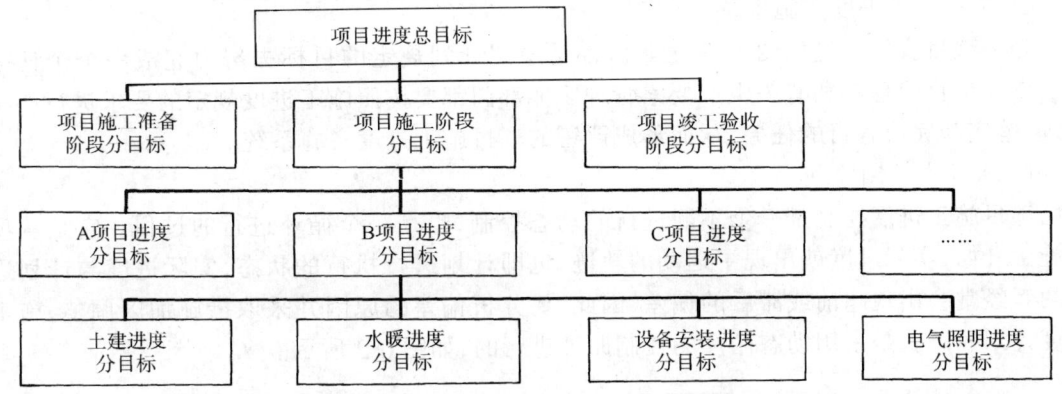

图 6-1　项目进度目标分解示意图

### 三、影响项目施工进度控制的因素

由于工程项目的施工特点，尤其是较大和复杂的施工项目，工期长，影响进度因素较多，编制计划和执行控制施工进度计划时必须充分认识和估计这些因素。其主要影响因素有：

1．有关单位的影响

施工项目的主要施工单位对施工进度起决定性作用，但是还应包括建设单位、设计单位、政府有关部门和银行信贷单位等。其中设计单位图纸提供不及时或有错误，建设单位对设计方案的变动，是经常发生和影响最大的因素。材料和设备不能按期供应，或质量、规格不符合要求，都将使施工停顿。资金不能保证也会使施工进度中断或速度减慢等。

2．项目施工技术因素

施工单位采用技术措施不当，施工中发生技术事故，在应用新技术、新材料、新结构方面缺乏经验等，都将导致盲目施工，以致出现工程质量缺陷等技术事故。

3．施工条件变化的因素

施工中工程地质条件和水文地质条件与勘察设计不符，如地质断层、溶洞、地下障碍物等。另外出现恶劣的气候条件，如暴雨、高温等都会对施工进度产生影响。

4．不可预见的因素

在项目施工中如果出现意外的事件(如严重自然灾害、火灾、重大工程事故、工人罢工或战争等)都会影响项目施工进度。

### 四、项目施工进度控制原理

#### (一)系统控制原理

项目施工进度控制本身是一个系统工程,它包括:项目施工进度计划系统和项目施工进度实施系统两部分的内容。

1. 项目施工进度计划系统

为了做好项目施工进度控制工作,必须根据项目施工进度控制目标要求,制订出项目施工进度计划,它应包括:施工项目总进度计划、单位工程施工进度计划、分部分项工程进度计划以及月(旬)施工作业计划等内容。这些项目施工进度计划由粗到细,编制时从总体计划到局部计划,逐层进行控制目标分解,以保证计划控制目标落实。执行计划时,从月(旬)施工作业计划开始实施,逐级按目标控制,从而达到对施工项目整体进度控制。

2. 项目施工进度实施系统

施工项目实施全过程的各专业队伍都是遵照计划规定的目标去努力完成一个个任务的。施工项目经理部和有关生产要素管理职能部门都要按照施工进度规定的要求进行严格管理,落实和完成各自的任务,从而形成严密的项目施工进度实施系统。

#### (二)动态控制原理

项目施工进度控制是一个不断进行的动态控制,也是一个循环进行的过程。它是从项目施工开始,实际进度就出现了运动的轨迹,也即计划进行执行的状态,实际进度与计划进度两者经常会出现超前或滞后的偏差,因此,要分析偏差的原因并采取措施加以调整,施工进度计划控制就是采用动态循环的控制原理进行的,如图6-2所示。

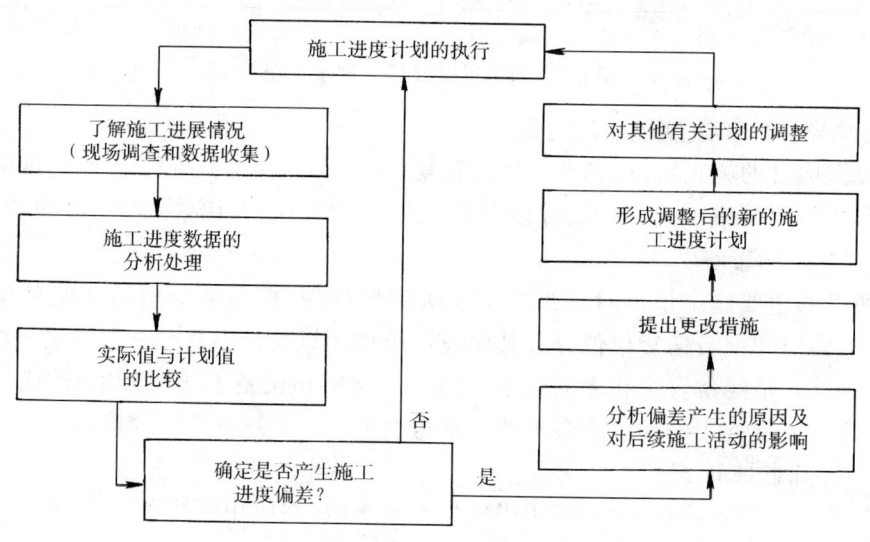

图 6-2 施工进度动态控制循环图

#### (三)信息反馈控制原理

信息反馈是项目施工进度控制的依据,要做好项目施工进度控制的协调工作就必须加强项目施工进度的信息反馈。当项目施工进度出现偏差时,相应的信息就应反馈到项目进度控制的主体,由该主体进行比较分析并作出纠正偏差的反应,使项目施工进度仍朝着计划目标(预定的工期目标)进行,并达到预期效果。这样就使项目施工进度计划执行、检查和调整过程成为信息反馈控制的实施过程。

(四) 弹性控制原理

项目施工进度控制涉及因素较多、变化较大且持续时间长,因此不可能十分准确地预测未来或作出绝对准确的项目施工进度安排,也不能期望项目施工进度会完全按照规划日程实现。所以在确定项目施工进度目标时必须留有余地,即使进度目标具有弹性,使项目施工进度控制具有较强的应变能力。

(五) 循环控制原理

项目施工进度控制包括项目施工进度计划的实施检查、比较分析与调整四个过程,这实质已构成一个循环控制系统。在项目实施过程中可分别以单项工程、单位工程分部或分项工程为对象,建立不同层次的循环控制系统,这样每循环一次其项目管理水平就会提高一步。

**五、项目施工进度控制的方法**

(一) 横道图控制法

为了能形象直观地表示出实际进度与计划进度间的"滑动",通常采用的方法是横道图控制法。

在采用横道图表控制施工进度时,首先要将检查日期内项目施工进度完成状况用波形线直接绘于计划进度线段之下,然后将实际进度与计划进度进行比较,找出其提前或拖后天数,并采取有效技术组织措施加以调整,如图6-3所示。

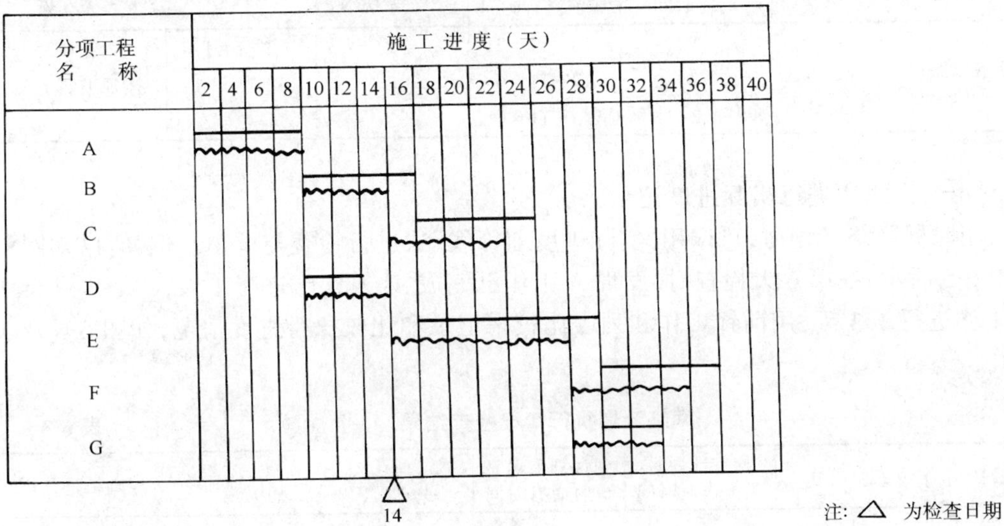

图6-3 横道图表控制示意图

在项目进度图表中,第14天检查时,A工作已按计划进度全部完成;B工作提前2天完成;D工作则拖后2天完成,这时应找出其进度落后的原因,并采取措施调整项目施工进度计划。

(二) 网络图控制法

1. 利用切割线法进行实际进度的记录

在无时间坐标双代号网络计划中,通常采用"切割线"进行检查与调整的方法。例如:已知网络计划如图 6-4 所示,其中点划线为"切割线"。在第 11 天进行检查时,D 工作尚需 1 天才能完成;G 工作尚需 7 天才能完成;H 工作尚需 2 天才能完成。这种检查方法可利用表 6-2 进行分析。经过计算,判断进度进行情况为 D、H 工作正常,G 工作为关键工作尚有时差为零,故应引起充分重视。若 G 工作尚有时差为负数时,那么就是拖延工期应调整计划。

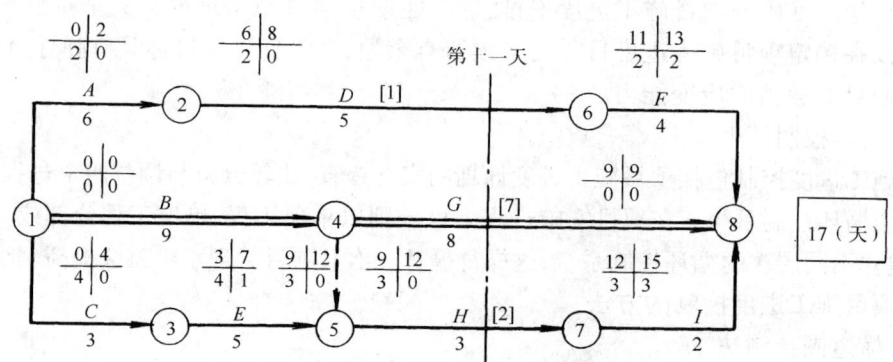

图 6-4 切割线检查图

第 11 天网络计划执行情况检查结果　　　　表 6-2

| 工作编号 | 工作代号 | 检查计划时尚需时间 | 到计划最迟完成前尚有时间 | 原有总时差 | 尚有总时差 | 结果分析 |
|---|---|---|---|---|---|---|
| ②—⑥ | D | 1 | 13-11=2 | 2 | 2-1=1 | 正常 |
| ④—⑧ | G | 7 | 17-11=6 | 0 | 6-7=-1 | 拖延工期1天 |
| ⑤—⑦ | H | 2 | 15-11=4 | 3 | 4-2=2 | 正常 |

2．利用前锋线法进行实际进度记录

当采用时标网络计划时,可以用"实际进度前锋线"法进行检查与调整。例如:已知网络计划如图 6-5 所示,在第 6 天检查时,发现 A 工作已完成,B 工作已进行 1 天,C 工作进行了 2 天,D 工作进行了 1 天,用前锋工作和列表比较来记录和比较执行进度情况,如图 6-6 及表 6-3 所示。

网络计划执行情况检查结果　　　　表 6-3

| 工作编号 | 工作代号 | 检查计划时尚需作业时间 | 到计划最迟完成时尚有时间 | 原有总时差 | 尚有总时差 | 检查结果分析 |
|---|---|---|---|---|---|---|
| ②—③ | B | 2 | 6-6=0 | 0 | -2 | 拖延工期2天 |
| ②—⑤ | C | 1 | 7-6=1 | 1 | 0 | 应充分重视 |
| ②—④ | D | 1 | 7-6=1 | 2 | 0 | 应充分重视 |

### 六、项目施工进度计划的调整

在对实施的进度计划分析的基础上,应确定调整原计划的方法,一般主要有以下两种:

（一）改变某些工作之间的逻辑关系

如检查的实际施工进度产生的偏差影响了总工期,在工作之间的逻辑关系允许改变的条件下,改变关键线路和超过计划工期的非关键线路上的有关工作之间的逻辑关系,达到缩

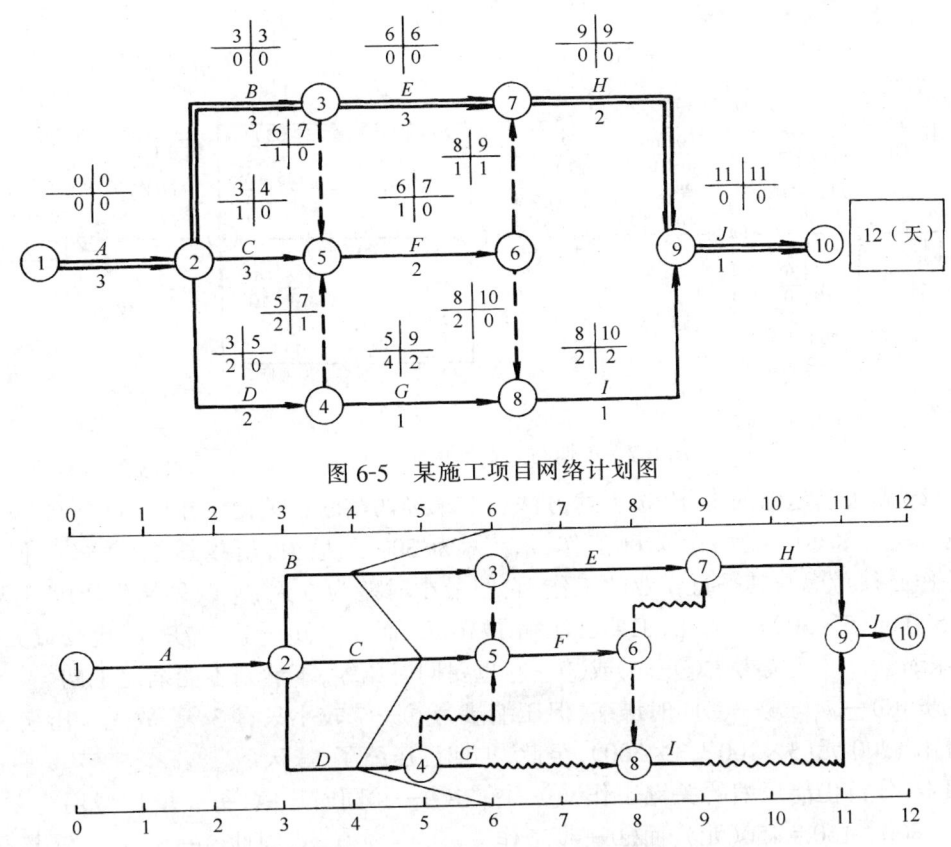

图 6-5 某施工项目网络计划图

图 6-6 某施工项目进度前锋线图

短工期的目的,这种方法调整的效果是很显著的。例如,可以把依次进行的有关工作改变平行的或互相搭接的或分成几个施工段进行流水施工的等,均可达到缩短工期的目的。

(二) 缩短某些工作的持续时间

这种方法是不改变工作之间的逻辑关系,而是缩短某些工作的持续时间而使施工进度加快,并保证实现计划工期的方法。这些被压缩持续时间的工作是位于由于实际施工进度的拖延而引起总工期增长的关键线路和某些非关键线路上的工作,同时这些工作又是可压缩持续时间的工作。这种方法实际上就是网络计划优化中的工期优化方法以及工期与成本优化的方法。例如:利用网络计划对进度进行调整——工期与成本优化,见图 6-7。在图 6-7 中,箭线上的数字为缩短工期需增加的费用(单位:元/天);箭线下括弧外的数字为工作正常施工时间;括弧内数字为工作最快施工时间。如原计划工期为 210 天,假设在第 95 天进行检查,工作④—⑤(垫层)前已全部完成,工作⑤—⑥(构件安装)刚开工,即拖后了 15 天施工,因为工作⑤—⑥是关键工作线路,它拖后 15 天可能导致总工期延长 15 天,应当进行计划调整,使其按原计划完成,办法就是缩短工作⑤—⑥以后的计划工作时间,调整步骤如下:

第一步:先压缩关键工作中费用增加率最小的工作,其压缩量不能超过实际可能压缩值。从图 6-7 中可见,三个关键工作⑤—⑥、⑥—⑨和⑨—⑩中,赶工费最低是 $a_{⑤—⑥}$ = 200,可压缩量 = 45 − 40 = 5(d),因此先压缩工作⑤—⑥ 5 天,而需支出压缩费 5 × 200 = 1000(元),至此工期缩短 5 天,但⑤—⑥不能再压缩了。

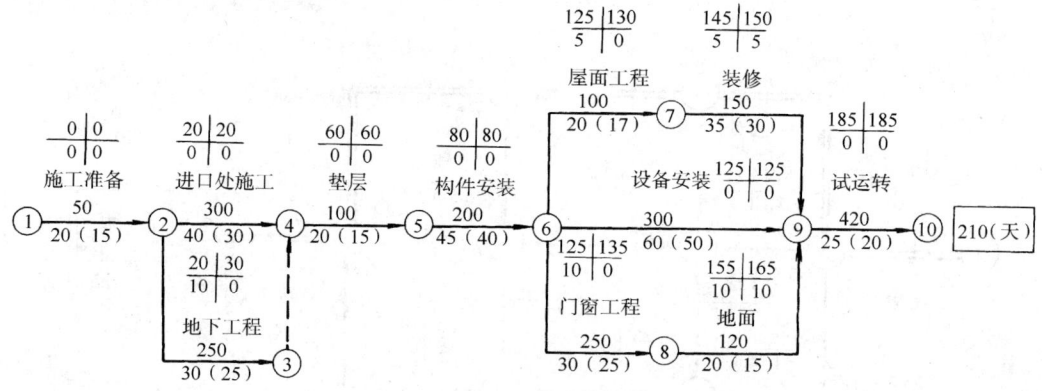

图 6-7 工期与成本优化网络计划图

第二步：删去已压缩的工作，按上述方法压缩未经调整的各关键工作中费用增加率最省者。比较⑥—⑨和⑨—⑩两个关键工作，$a_{⑥-⑨}$ 为 300 元最少，所以压缩⑥—⑨，但压缩⑥—⑨工作必须考虑与其平行作业的工作，它们最小时差为 5 天，所以只能先压缩 5 天，增加费用 1500 元(5×300)。至此，工期已压缩了 10 天，而此时⑥—⑦与⑦—⑨也变成关键工作，如再压缩⑥—⑨还需考虑⑥—⑦或⑦—⑨也要同时压缩，不然则不能缩短工期。

第三步：⑥—⑦与⑥—⑨同时压缩，但压缩量为⑥—⑦较小只有 3 天，故先各压缩 3 天，需增加费用 1200 元(3×100+3×300)，至此，工期已压缩了 13 天。

第四步：分析仍能压缩的关键工作，⑥—⑨与⑦—⑨同时压缩，每天增加费用为 $a_{⑥-⑨}$ + $a_{⑦-⑨}$ = 300 + 150 = 450(元)，而⑨—⑩工作 $a_{⑨-⑩}$ = 420 元，同此⑨—⑩工作较节省，压缩⑨—⑩2 天，费用增加为 2×420 = 840 元。至此工期压缩 15 天已完成，总费用共增加 4540 元(1000 + 1500 + 1200 + 840)。调整后工期仍为 210 天，但各工作的开工时间和部分工作作业时间有所变动，劳动力、物资、机械计划及平面布置均应按调整后的进度计划作相应调整。压缩调整后的网络计划如图 6-8 所示。

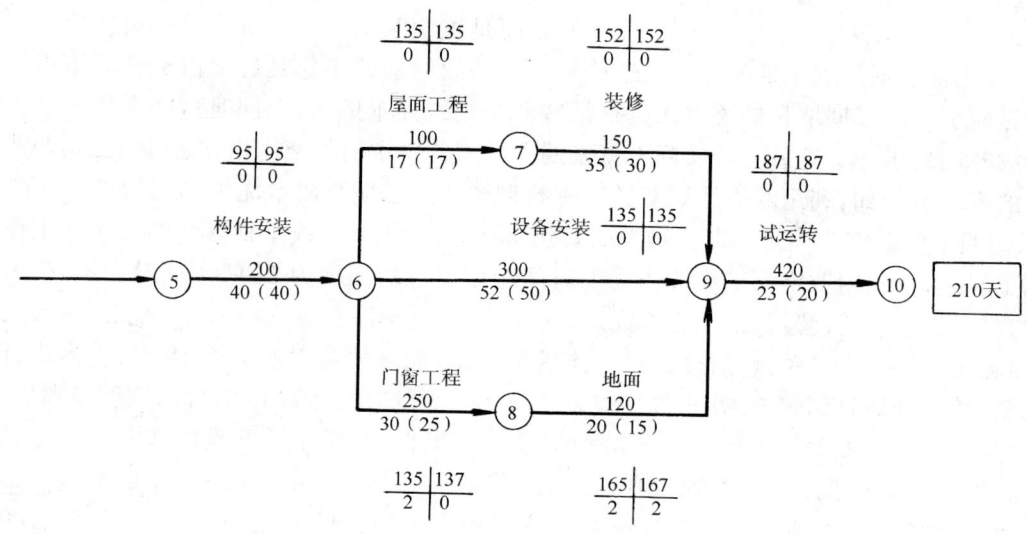

图 6-8 压缩调整后的网络计划

## 第三节 项目实施阶段的成本目标控制

**一、施工项目成本和施工项目成本的构成及分类**

（一）什么是施工项目成本

施工项目成本是指建筑施工企业以某一施工项目作为成本核算对象所归集的在施工生产过程所耗费的生产资料转移价值和劳动者必要劳动价值的货币表现形式，也即某施工项目在施工生产中所发生的全部生产费用的总和，包括生产中所消耗的主要材料、结构件、其他材料、周转材料的摊销(租赁费)、施工机械的台班(租赁费)、支付给劳动者的工资、奖金以及施工企业分公司(工程处、项目、经理部)一级为组织和管理工程施工所发生的全部支出。

施工项目成本是施工企业的主要产品成本也称之为工程成本，它是施工企业项目管理的要素之一，因此施工项目管理所追求的目标——优质、低耗、快速、安全(即 Q、C、D、S 四大要素)其最终的经济效果都会在施工项目成本上反映出来。从这一点来说，施工项目成本管理是施工项目管理的核心，进度管理、质量管理、安全管理一般都必须以节约成本为前提，以加强各自的管理工作，从而实现降低成本的目标。

（二）施工项目成本的构成

施工项目成本按照制造成本法由二部分构成，即直接成本和间接成本：

1. 直接成本

是指施工过程中所耗费的构成工程实体或有助于工程实体形成的各项支出，它由四个成本项目组成。

（1）人工费。包括从事建筑安装工程施工人员的工资、奖金、职工福利费、工资性津贴、劳动保护费等。

（2）材料费：包括施工过程中所耗用的构成工程实体或有助于工程实体形成的主要材料、辅助材料、构配件、零件、半成品、周转材料的摊销(租赁)费以及现场工程用水费用等。

（3）机械使用费。包括施工过程中使用自有施工机械所发生的机械使用费用以及租用外单位施工机械的租赁费和施工机械的安装、拆卸、进出场费等，现场机械用电应同样计入机械使用费。

（4）其他直接费。包括施工过程中所发生的材料二次搬运费、临时设施摊销费、生产工具用具使用费、检验试验费、工程定位复测费、工程点交费、场地清理费等。

2. 间接成本

是指企业内部各工程项目管理部、施工单位为组织和管理工程施工所发生的全部支出。其成本项目为"间接费用"，包括：

（1）施工单位管理人员(包括食堂炊事员、纠察、勤杂人员)工资、奖金以及按规定提取的职工福利费等。

（2）施工单位行政管理用固定资产折旧及修理费、物料消耗以及低值易耗品摊销费等。

（3）施工单位发生的取暖费、水电费、办公费、差旅费、财产保险费、检验试验费、劳动保护费、工程保修费、排污费及其他费用等。

（三）施工项目成本的分类

根据管理的要求，施工项目成本一般可分为三类：

1. 工程预算成本

工程预算成本反映了各地区建筑业的平均成本水平。它根据施工图由全国统一的工程量计算规则计算出来的工程量,全国统一的建筑、安装工程基础定额和由各地区的市场劳务价格、材料价格信息及价差系数,并按有关取费的指导性费率进行计算的造价性成本。工程预算成本是确定工程造价的基础、也是编制计划成本和评价实际成本的依据。

2. 工程计划成本

它是指项目经理部在一定时期内,为完成一定建筑安装施工任务而计划支出的各项生产费用的总和。计划成本低于预算成本比较的差额,是项目预计完成的成本节约任务。

3. 工程实际成本

指项目经理部为完成一定数量的建筑安装任务实际所消耗的各类生产费用的总和。

以上三类成本所包括的成本项目的内容,应当保持一致才能使之具有可比性。一般来说,预算成本与计划成本比较反映施工项目的计划偏差,可用于考核项目计划降本水平;预算成本与实际成本比较反映施工项目的实际偏差,可用于考核项目实际降本水平;计划成本与实际成本比较则反映施工项目目标偏差,可用以考核项目的管理水平。

## 二、施工项目成本控制以及意义、原则、内容

### (一)施工项目成本目标控制的含义

所谓施工项目成本控制即在项目施工生产活动过程中,采取各种有效的措施和控制方法,对施工生产消耗和支出进行严格控制,使项目的实际成本能压缩在预定的计划目标范围内,换言之,即随时揭示并及时反馈、解决施工生产过程中的损失、浪费现象,同时随时发现、总结和推广施工生产过程中节约劳动耗费的先进技术、先进方法以及先进的工作经验,扬长避短,使施工程项目最终达到乃至超过预期的降低成本目标。

### (二)施工项目成本控制的意义

1. 项目成本控制是施工项目成本管理的中心环节

施工项目成本管理是一个包括成本预测、成本计划、成本控制、成本核算、成本分析和考核等环节的有机整体,在这个整体中,项目成本控制是中心,它对于实现成本管理的目标具有重要的作用。如果我们对目标成本进行科学地预测,并精心制订出成本计划,而对实际成本控制不住,造成"成本失控",那么预测和计划这二个环节再好、再完善也无济于事。再如尽管我们把成本核算、成本分析和考核工作组织得很好,但对施工消耗和支出不进行严格控制,对施工生产中的各种损失和浪费不能防患于未然,支出多少算多少,那么核算、分析和考核等环节也不能发挥其应有作用。因此,只要抓好项目成本控制这一中心环节,就能达到预期目标,才能降低项目成本。

2. 成本控制是提高施工项目管理水平的主要手段

施工项目成本由施工生产消耗和经营管理支出二部分组成,它是反映项目体内各项施工技术经济活动的综合性指标。加强对施工项目成本的控制,就要对生产、技术、劳动工资、物资供应,财务会计等日常管理工作提出相应的要求,建立和健全各项控制标准和控制制度,这样,就可以加强各项控制工作,提高施工项目的管理水平,保证成本目标的实现。

3. 成本控制是实行项目管理体内经济责任制的主要内容

推行项目管理,就要在项目内推行成本管理责任制,以项目经理为主,把各级管理人员和每个职工都纳入经济责任制中。而实行成本控制,就需将节约施工消耗和支出,降低项目

成本的各项目标具体落实到项目体内各职能部门和施工班组,并与他们的工作和经济责任挂钩,这样就可以调动广大职工的生产积极性,主动为项目献计献策,将节约和降本目标化为职工的自觉行动,并纳入经济责任制的考核范围。

(三)项目成本控制的原则

推行项目管理,实行项目成本控制,需要遵循一定的原则,才能发挥成本控制的作用。项目成本控制原则一般有以下几个:

1．效益性原则

项目成本控制的目标就在于努力追求效益。而效益不仅仅指经济效益,应还注重社会效益。项目成本控制必须突出经济效益和社会效益,一方面努力降低成本,另一方面努力提高自己的信誉,决不能顾此失彼,偏于一方。

2．"三全"的原则

所谓"三全"即全面、全员、全过程。也即项目的一切经济事项都要纳入控制的范围,从各方面堵塞漏洞、杜绝浪费;而所有项目人员都来参与控制,要增强每个人的成本观念和参与意识,让他们意识到加强成本控制对项目的效益和个人的收益均有影响;控制应费穿于施工工作的始终,它不仅仅是在生产领域中,还应包括施工组织设计、劳动组织、材料供应、工程点交及竣工等各个方面。只有这样,才能达到预期的控制目标,收到预期的效果。

3．责权利相结合的原则

为使项目成本控制发挥应有的作用,必须按照经济责任制的要求,贯彻责、权、利相结合的原则。有责就应有权,否则就不能完成其分担的责任;有责还应有利,否则就缺乏推动履行职责的动力。因此只有贯彻责、权、利相结合的原则,才能使项目成本控制真正发挥效益。

4．归口分级控制的原则

为了明确各职能部门和施工班组人员的责任和权限,项目经理部应将成本指标层层分解,分级归口落实到各部门,进行层层控制、分级负责,形成一个成本控制网。只有这样,才能使成本控制落到实处,切实有效。

(四)施工项目成本控制的内容

施工项目成本的控制内容,应根据建筑施工企业的行业特点来决定。建筑施工企业是承包发包单位建设项目的独立经济核算单位,一切按照工程合同规定办事。所以,成本控制应包括以下内容:

1．成本控制的组织工作

在施工项目经理部中,应以项目经理为主,下设专职的成本核算员,全面负责项目成本管理工作,并在其他各管理职能人员协助配合下,负责日常控制的组织管理工作,制订有关的成本控制制度,把日常控制工作落实到各有关部门和人员身上,使他们都明确自己在成本控制中应承担的具体任务与相应的经济责任。

2．费用开支的控制工作

为了控制施工生产中的消耗和支出,首先必须要按照一定的原则和方法,制订出各项开支的计划、标准和定额。然后,据此严格控制一切费用开支,以达到节约费用开支,降低工程成本的目标。

3．加强施工项目实际成本的日常核算工作

施工项目成本的日常核算工作,即通过记帐算帐等手段,对施工耗费和施工成本进行价值核算,及时提供费用开支和成本信息资料,以随时掌握和控制费用支出,促使项目成本的降低。

4．加强项目成本控制偏差的分析工作

项目成本控制偏差一般有二种,即实际成本小于计划成本的有利偏差和实际成本超过计划成本的不利偏差。偏差分析即运用一定方法去研究偏差产生的原因,以总结经验不断提高成本控制的水平。

### 三、施工项目成本控制的基本方法

随着社会商品经济的发展和科学技术的进步,成本控制的方法也在不断地改进和发展并在逐步完善和提高。对于施工项目成本控制一般采用的方法如下：

（一）进行事前的成本控制

施工项目经理部对事前的成本控制主要是在以施工项目经理为主体的操纵下进行的,一般包括以下几个方面：

1．以效益为中心,对施工项目的总体控制

所谓施工项目的总体控制就是在施工项目开工前对"项目管理方案"的资质评审。由项目经理编制的项目管理方案,是组织施工的指导性文件,它包括项目所要达到的质量、工期、成本、安全等各方面的目标和相应的技术管理措施,具体地说它包括施工项目组织体系、施工组织设计、质量保证体系和质量管理保证措施,标准化管理目标成本及其降低成本水平等内容。根据"项目管理方案"所包含的内容可概括地说,它包括施工组织设计和施工经济效益设计等两个方面。这两个方面是相互联系、互相制约的。比如确定施工经济效益的目标成本是根据施工组织设计的要求,由项目管理体的有关职能人员制订的,而编制施工组织设计是根据项目管理体所要取得的降低成本目标而制订的,它体现了施工组织设计的经济性。因此,对"项目管理方案"的资质评审是进行事前成本控制的最好形式,是对施工项目成本总体控制的有效方法,从现代控制论的角度来说,这就是前馈控制系统,也是价值工程的一种形式。

2．施工项目成本的制度控制

所谓施工项目成本的制度控制就是对影响成本的各有关因素进行分析和研究,制订出一套适合施工项目具体情况的各种成本控制的制度,以便通过制度来控制施工的消耗和支出。从现代控制论的角度来说,就是防护性控制系统。目前行之有效的一些制度如材料验收保管制度、限额领料制度、废料包装品的回收制度、定期盘点和竣工盘点退料制度、低值易耗品(工具、用具、劳防用品)的以旧换新、损坏赔偿制度、周转材料的租赁制度、料具的修复和残废料的综合利用制度、材料节约奖励制度、在劳动力使用上的施工任务单制度、考勤制度、工资结算制度、在施工机械及设备上的维修保养制度、施工机械的租赁制度、在项目管理费用的支出上,根据国家的财经制度具体规定的费用开支范围和开支标准、规定的各级审批权限等制度、还有班组核算制度等,这一些制度都是推动工料节约的有效手段,是成本控制能直接实现的保证。

实行制度控制是顺利进行施工项目成本控制的重要保证,因此为了严格制度的贯彻执行,在加强职工思想政治工作的同时,必须建立必要的奖罚措施,实行节约有奖、浪费受罚,以推动各项制度的贯彻执行。

3．对项目未来成本进行科学地预测并编制项目成本计划对项目实际成本进行控制的目标就是将它控制在计划范围之内。而行之有效的计划离不开科学的预测。成本预测的一般方法有二大类,即定量分析法和定性分析法。具体的方法有目标成本估算法、历史成本调整法、合同造价倒扣法、"量、本、利"分析法等。成本计划的编制方法一般有施工预算法、技术节约措施法、成本习性法、按实计算法等(以上预测与计划的具体方法可参阅成本管理书籍,在此不一一展开叙述)。对项目未来成本进行预测并在此基础上编制切实有效的成本计划,为项目成本控制树立了标准,是项目成本事前控制必不可少的手段。

(二) 施工过程中成本控制

施工过程是建筑产品形成的过程,也是各种施工生产费用发生和施工项目成本形成的过程,它是成本控制的重点,这阶段的成本控制主要是对成本形成是否偏离成本计划和是否能达到预定的目标成本进行的日常成本控制。其主要控制的内容如下:

1．目标成本(计划成本)的分解和控制

项目施工过程中,进行目标成本(计划成本)的控制,是施工项目成本控制的主要内容。因为只有对目标成本进行有效的控制,才能实现施工项目的成本目标。因此施工项目经理,首先应根据已确定的目标成本进行层层分解,将之分解为若干成本指标,然后作为责任成本落实到项目管理班子中的有关职能人员身上,即根据"谁制订、谁控制"的原则,由责任人进行控制和核算。一般控制的方法是:先把目标成本分解为各成本项目的目标成本,然后按各成本项目再分解成若干指标进行控制。

(1) 目标成本——人工费的控制。"人工费"主要是指支付给直接从事施工生产工人的工资、工资性津贴、补贴和奖金等。从理论上来说,人工费主要由二个因素组成:即用工数量和工资率组成。控制用工量和工资率可将它分解为外包工和企业自有职工的用工量和工资率两个部分。从施工项目管理体来说,外包工用工量的确定,基本是按照设计预算定额,而其工资率则通过双方协商而定。因此控制外包工的人工费,首先必须以正确编制施工图预算的各项目工程量着手,然后通过协商确定合理的工资率。如使用企业的自有职工,可采用全额计件工资形式,而采用这种形式就必须加强完成工程量、质量的验收工作,控制计件单价,以控制人工费。

根据人工费组成的因素可分解成"外包工人工费"指标和"使用企业自有职工的施工用工指标和工资率指标"二个部分,根据"谁制订、谁控制"的原则,由施工项目经理明确具体的责任人,并进行落实负责人工费目标成本的控制。

(2) 目标成本——材料费的控制。材料费是指在施工生产过程中构成工程实体的主要材料、构配件、零件、半成品等的材料费用以及有助于工程实体形成的其他材料费用和周转材料的摊销(租赁)费用。从理论上来说,材料费的升降主要受到两个因素的影响,即受到材料的耗用量(使用量)以及材料价格的影响(周转材料还要受到其使用时间长短的影响)。以施工项目管理体来说,材料费的控制是目标总成本控制的重点,因为一般来说材料费占项目总成本的75%以上,因此对材料费的控制是一项复杂和难度较大的工作。根据材料费的因素,首先可分解成若干小指标:主要材料(水泥、黄砂、石子、钢材、木材等)的计划消耗量指标;装饰材料的计划消耗量指标;构配件(混凝土构件、成型钢筋、钢木门窗、金属制品等)的合理需要量指标;周转材料的使用量和使用期的租赁指标和材料价格的指标。关于材料消耗量和使用量的控制,首先应从严格管理制度着手,即严格材料的收、发、存的管理;对收入材料的数量和质量进行严格验收,对发出材料严格按限额领料,对结存材料实行合理堆放和科学的保管以防止材料的变质和偷窃。周转材料必须根据施工进度进场并控制使用日期,到期及时退场。其次,对材料消耗量的控制还可采用奖惩办法,对节约材料消耗量者给予一定的物资奖励,而对超用材料者给予一定的经济处罚。第三,还可建立材料消耗台帐,并在台帐上注明各种材料的施工图预算耗用量和施工预算耗用量,以便在实际领用时,能随时与材料领用的上限与下限作比较,保证实际领料量不超过计划(施工预算耗用量),更不超过收入(施工图预算耗用量)。关于材料价格的控制,首先是控制材料的采购价格,要求采购价廉物美的材料,这要求材料采购部门应随时了解市场上有关建筑材料价格的信息。其次是在保证工程质量的前提下,能采购一些价低质优的代用材料,以降低材料采购成本从而达到控制材料费的目标。

(3)目标成本——机械使用费的控制。机械使用费是指施工过程中使用自有施工机械所发生的机械作业费用以及租用外单位施工机械的租赁费,还有施工机械安装、拆卸和进出场费等。施工项目管理体的机械使用费,主要是由机械使用台班量和台班单价所构成。在这里着重应控制机械使用台班量,因为台班单价一般属于不可控因素,因此控制台班数量也基本就控制了机械使用费。由此使用的机械设备必须按照施工组织设计所需要的机械设备的数量、日期、按量、按期进退场。另外,控制台班数量,必须要合理使用施工机械设备,提高机械设备的利用率,尽量减少停班量。对于机械使用租赁费的大小,由于它会直接影响机械使用费的目标成本高低,因此在签订的机械租赁合同中,应通过协商尽量争取合理的价格,这也是控制机械使用费的一项重要内容。

(4)目标成本——其他直接费的控制。其他直接费是指施工过程中发生的现场材料二次搬运费,临时设施的摊销费,生产工具用具使用费等等。由于其他直接费包括的内容繁多,一般控制的方法可采用费用的逐项控制。例如:现场材料二次搬运费的控制,主要是控制现场材料的堆放,即严格按施工平面图所布置的方位合理堆放,减少材料二次的搬运支出;临时设施摊销费的控制,应控制现场临时设施搭建数量,减少临时设施的摊销支出;生产工具用具使用费的控制,主要是控制工具用具的使用量,并组织工具用具的修旧利废和严格保管制度等等。

(5)目标成本——间接费用的控制。间接费用指企业内部施工单位(分公司、工程处、项目经理部)为组织和管理工程施工所发生的全部支出。它分成二个部分,一部分为施工项目管理体可以直接控制的可控费用,如施工项目管理体管理人员的工资、办公费、差旅费等支出;另一部分为施工项目管理体不可控制的费用,如上交企业管理费、承包费用等。对于可控费用,施工项目管理班子应做到"事先有计划、事中有审核",即事先应编制"月度财务收支计划",使费用开支做到心中有数,并尽量减少不合理开支。费用发生后应加强其审核签证制度,控制间接费用的开支。

2. 施工过程的分部工程和分层工程的成本控制

施工过程中以分部工程和分层工程作为成本控制的对象,进行成本控制,这是进行目标成本控制的一项十分重要的,又十分有效的方法。这种方法是把目标成本进行"切块"控制。前面的目标成本分解和控制,则主要是根据生产费用按经济用途的分类——成本项目的成本控制方法,即将目标成本分解为"人工费"、"材料费"、"机械使用费"、"其他直接费"和"间接费用"这五个成本项目的目标成本控制,这种控制则属于"条条"形式的控制,这对各有关职能部门(人员)贯彻成本责任制、加强成本控制是十分必要且不可缺少的。但是要实现各成本项目的目标成本,就必须把成本控制落实到一个个分部(分层)工程上,从一个个分部(分层)工程的有效的成本控制,最终实现目标成本。因此,对分部(分层)工程的成本控制,是各有关职能部门(人员)进行成本控制的献技场,同时也是成本控制的关键。

分部(分层)工程成本控制的方法,主要是在分部(分层)工程施工前,由各职能部门(人员)各自计算具体在该分部(分层)工程的工、料、机的需要量及其费用支出,作为成本控制的标准(如果已编制有分部工程或分层工程成本计划的也可按其计划作为该分部或分层工程成本控制的标准),使实际耗用数能够控制在既定标准内,而对超出标准的成本必须进行分析研究以采取措施,防止继续超支,从而达到控制的目的。

3．施工过程中采取与进度计划同步跟踪的方法控制成本支出

进度计划中有"横道图"和"网络图"等编制方法,实行与这些计划同步跟踪,即在进度计划制订出来的同时,即计算出该分项工程(工序)的计划成本,而当该分项工程(工序)实际完成时,马上核算出其实际成本,使计划进度与实际进度、计划成本与实际成本同时作出比较,随时反馈工期的提前与拖延以及成本的超支与节约,这实际是一种动态的成本控制方法。

(三) 竣工阶段的成本控制

施工项目竣工后,其成本控制也不应忽视。一般体现在以下几个方面:

1．做好"落手清"工作,加强废旧材料的利用和回收工作,一方面降低材料费用支出,另一方面又可节约建筑垃圾的清理费用。

2．及时办理工程点交,将已竣工的工程尽早地移交给建设单位,及时做好签证和决算等工作。

3．做好合同中规定的保修保养等售后服务工作,尽量使客户满意,争创"信誉"。

**四、施工项目成本控制偏差的分析**

施工项目成本控制偏差分析就是为执行成本计划,在进行必要的控制中对所发生的控制偏差的分析——即偏离计划的成本差异的分析。如前所述,控制偏差有二种,即有利差异和不利差异。一般来说,控制偏差所发生的有利差异或不利差异只能作为发现问题的信息,为了纠正不利差异,施工项目管理班子必须及时进行控制偏差分析,以便弄清造成偏差的原因,积极拟订改进措施,或在必要时修订原来的目标。控制偏差分析一般采用因素分析法。现举例如下,某项目单位工程对完成的 1200$m^3$ 墙体工程进行成本分析,其具体资料如下:计划单耗砖:500 块/$m^3$,计划砖价:0.30 元/块;计划单位耗工:1.1 工日/$m^3$;计划工资率:18.50 元/工日;实际单耗砖:480 块/$m^3$;砖实际单价:0.35 元/块;实际单位耗工:1.2 工日/$m^3$;实际工资率:18 元/工日。其具体分析如下:

第一步:先计算该墙体工程量的计划成本与实际成本,并分别计算出材料费成本与人工费成本的差异:

1．计算计划成本

(1) 材料费计划成本 = 1200×500×0.30 = 180000(元)

(2) 人工费计划成本 = 1200×1.1×18.50 = 24420(元)

2．计算实际成本

(1) 材料费实际成本 = 1200×480×0.35 = 201600(元)

(2) 人工费实际成本 = 1200×1.2×18 = 25920(元)

3. 成本差异

(1) 材料费成本差异 = 201600 - 180000 = 21600(元)(超支);

(2) 人工费成本差异 = 25920 - 24420 = 1500(元)(超支)

第二步:进行因素分析

1. 材料费分析

材料费实际成本超过计划成本 21,600 元,其主要原因有二个:(1)单耗量下降,使成本节约了 7,200 元[1200×(-20)×0.30];(2) 材料单价上升,使成本超支了 28800 元,(1200×480×0.05)。由此可见,材料费成本的超支主要是因为材料单价引起的,而材料的单耗量却使成本节约,如果材料单价的上升属不可控原因,那么该成本偏差属于正常的,应及时调整原有成本计划。

2. 人工费分析

人工费实际成本超过计划成本 1500 元,其主要原因有二个:(1) 单位耗工上升,使成本超支 2220 元(1200×0.1×18.50);(2) 工资率下降,使成本节约 720 元[(1200×1.2×(-0.50)]。由此可见,人工费超支主要是单位耗工上升而引起的,而工资率却有所下降,说明该差异是不正常的,应引起项目管理班子的注意。

以上控制偏差分析,了解了成本差异的信息,但这仅是初步比较的表面现象,还须作更深入地分析研究。对此,施工项目管理班子应及时引起重视,拟订改进措施或修订原来的目标,这是控制偏差分析的重点所在,也是提供成本责任中心今后业绩评价的依据。

## 第四节 项目实施阶段的质量和安全目标控制

### 一、施工质量概述

(一) 工程质量概念

工程质量从广义上指的是除了产品质量外,还包括形成产品全过程的工序质量和工作质量,并反映产品或服务能够满足规定(或潜在)要求的特征的总和。工程质量包括建筑工程产品实体和服务这两类特殊产品质量。

1. 产品质量

即产品所具有的满足相应的设计和规范要求的属性。建筑产品质量可以通过以下六个方面说明。

(1) 适应性。指产品所具有的满足相应设计和使用的各项要求的属性。

(2) 安全可靠性。指产品所具有的坚实稳固,以承担它所负载的人和物的重量,以及满足抗风和抗震的自然力的要求的属性。

(3) 耐久性。指产品的设计构造和材料等必须满足使用寿命要求的属性。

(4) 美观性。指产品所具有的在布局和造型上满足人们精神要求的属性。

(5) 经济性。指产品在形成中和交付使用后的经济节约属性,如产品形成成本低,使用和维修费用少等。

(6) 服务性。"服务"是一种无形的产品,即为用户服务主动、及时、准时、周到、守信,建立良好服务信誉的程度。

2. 工序质量

工程项目在实施过程中都是通过一道道工序来完成的,而每道工序的质量必须具有满足下道工序相应要求的质量标准。"工序"即人员、材料、机械、方法和环境对产品质量综合起作用的过程,这个过程所体现的产品质量称为工序质量,它必然决定产品质量。

3．工作质量。工作质量是指参与项目实施全过程的人员为保证项目施工质量所表现的工作水平和完善程序,它包括管理工作、思想政治工作、技术运用工作、后勤工作等,它虽不像工序质量和产品质量那样直观,但却体现在整个施工过程当中。

一般情况下,工作质量决定工序质量,因为工程质量的优劣是工程项目形成过程中各方面、各环节工作质量的综合反映,而工序质量又决定产品质量。因此,必须通过保证和提高工作质量来保证和提高工序质量,再在此基础上达到工程项目施工质量的最终目标,即保证达到设计规范和合同所要求的产品质量。

(二) 项目施工质量概念及特点

项目施工质量是指通过项目施工全过程所形成的工程项目质量,使之满足用户从事生产或生活需要,而且必须达到项目设计、规范和合同规定的质量标准。由于项目在实施过程中具有程序繁多,涉及面广和协作关系复杂等生产的技术经济特征,因此,项目施工质量具有以下特点：

1．项目施工质量形成或过程复杂

项目建设过程就是项目质量的形成过程,因而项目决策、设计、施工和竣工验收对项目施工质量形成都起着重要作用和影响。

2．影响项目质量的因素多

由于施工项目建设周期长,必然要受到各种因素影响,如设计、材料、设备、施工方法、管理人员素质,工人技术水平的高低等均会造成项目施工质量变异或事故。

3．项目施工质量水平被动性大

由于建筑产品及其生产的特点,使其生产过程不能像工厂化生产那样容易控制,生产活动受到各种不利因素影响,故项目施工质量水平很容易产生被动。

4．影响项目施工质量隐患多

在项目施工过程中,由于工序交接多,中间产品多和隐蔽工程多,因此只有严格控制每道工序和中间产品质量,才能保证其最终产品质量。

5．项目施工质量评定难度大

施工项目建成以后,不能像某些工业产品那样可以拆卸开来检查其内在质量。如果在项目完工后再进行检查,只能看其表面,这很难正确判断其质量好坏。因此,项目质量评定和检查必须贯穿于工程项目施工全过程,否则,就会出现项目质量隐患。

项目施工质量的实质是在项目施工过程中形成的产品质量达到《项目设计要求》、《建筑安装工程施工及验收规范》、《建筑安装工程质量评定标准》要求的程度。

(三) 全面质量管理的基本观点

质量管理阶段发展至今通过不断完善已形成了今天的全面质量管理阶段,尤其是国际ISO9000族国际标准,《质量管理和质量保证》系列标准的诞生,顺应了消费者的要求,为生产方提供了当代企业寻找发展的途径,有利于一个国家对企业的规范化管理,更有利于国际间贸易和生产合作。工程项目就施工来说,就是以施工单位的全体职工为主体,综合运用管理技术、专业技术等科学的定量、定性方法,对施工全过程中影响质量的因素加以控制,最终生产出用户满意的建筑产品的一整套科学管理活动。全面质量管理体现了下面几个基本观点。

1. 质量第一的观点

用户对产品的首先要求就是质量的要求。在现代化大型建筑中(如大跨度屋面、超高层建筑等),如果质量发生问题,将会给社会带来巨大经济损失,甚至灾难性的后果。因此"百年大计、质量第一"是我们必须牢固树立的思想,这是科学技术发展的客观要求。

2. 为用户服务的观点

"用户"在全面质量管理中的含义十分广泛。首先,"用户"是指建设单位(使用单位),以建筑产品(房屋等)的施工生产到交付使用,一切都是为满足用户的需要。其次,"用户"又反映了上下工序的关系,在接连的两道工序中,后一道工序是前一道工序的"用户",这样在项目施工组织内部和外部形成一个质量管理网,并通过其运转达到提高施工质量的目的。

3. 预防为主的观点

工程项目在施工过程中,每个分部分项工程的施工质量随时都受到操作者、施工工艺、原材料、施工机具,施工环境等影响。只要在这当中的某个因素发生异常,工程质量就会随之被动,从而出现不同程度的质量问题。因此,力争将质量事故消除在未发生之前或萌芽状态,这就要采取预防和检查相结合的措施。

4. 用数据说话的观点

这一观点就是要依靠准确的数据以及广泛地运用数理统计的方法进行质量管理。特别强调指出的是要保证数据的真实性,收集、整理、加工、分析和处理数据的人员应对自己的数据成果高度负责,否则,失真的数据比没有数据的危害更大,会造成更大的损失。

5. 全面管理的观点

即"三全管理",管理范围是全面的、时间上是全过程的、对职工是全员的管理。全过程包括从合同签订、施工准备、施工过程、交工验收、直到定期回访结束。

## 二、项目施工质量控制

(一)项目施工质量控制过程

任何工程项目都是由分项工程、分部工程和单位工程所组成,而工程项目的建设则是通过一道道工序来完成。由于构成最终建筑产品质量过程是一个复杂的系统过程,所以,项目施工质量控制是从工序质量到分项工程质量、分部工程质量、单位工程质量的系统控制过程,如图6-9。同时也是一个由对投入原材料的质量控制开始,直到完成工程质量检验为止的全过程的系统过程。

(二)项目施工质量因素的控制

影响项目施工质量的因素主要有五个方面,即4M和1E,指人(Man)、材料(Material)、机械(Machine)、方法(Methal)和环境(Environment),如图6-10所示。项目施工事前对这五个方面的因素严加控制,是保证项目施工质量的关键。

1. 人员因素控制

人员因素控制就是对直接参与工程施工的组织者、指挥者和操作者的各种行为进行控制。要充分调动施工人员的主观能动性,尽量避免人为失误。坚持以其工作质量确保工序质量,以工序质量保证工程项目质量。在人员因素控制中,必须充分考虑人的素质,如技术水平、人的生理缺陷、心理行为和人的错误行为对项目质量的影响。因此,要遵循量才录用

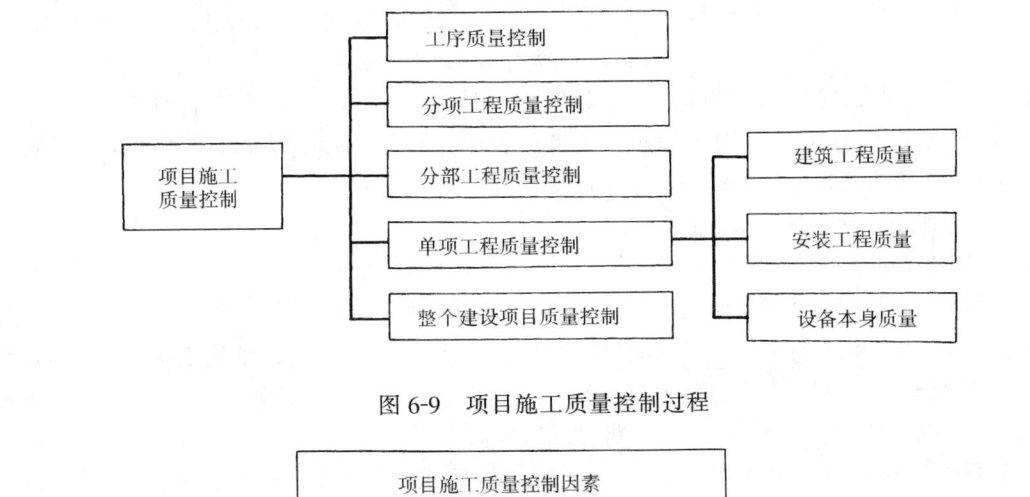

图 6-9 项目施工质量控制过程

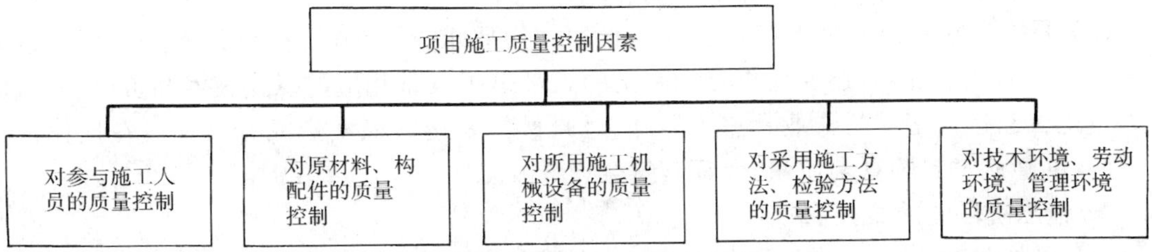

图 6-10 质量因素的控制

和扬长避短的原则,加以综合考虑和全面控制,特别要加强政治思想,劳动纪律和职业道德教育,树立"质量第一"和"用户至上"的思想,全面进行专业技术知识培训,提高技术水平,严禁无技术资质人员上岗操作。另外,要建立健全岗位责任制和奖罚措施,尽量改善劳动条件,杜绝人为因素对项目质量的不利影响。

2. 材料、制品和构配件质量因素控制

材料、制品和构配件是项目施工的基本物资条件,如其质量达不到要求,那么工程质量就不可能符合标准,因此必须加以严格控制。材料类质量控制的内容包括:材料质量标准、性能、取样、试验方法、适用范围、检验程度和标准,以及施工要求等内容。所有材料、制品和构配件均需有产品出厂合格证和材质化验单。钢筋和水泥等主要材料还需进行复试。现场配制材料必须先提出试配要求,然后经试验合格方再采用。

3. 机械设备因素控制

机械设备控制包括施工机械设备、工具等控制。要根据不同工艺特点和技术要求,选择合适的机械设备,正确使用、管理和保养好机械设备。为此,要健全"人机固定"和"操作证"制度、岗位责任制度、交接班制度、"技术保养"和"安全使用"制度,机械设备检查制度等,确保机械设备处于最佳使用状态。

4. 方法因素控制

项目施工质量中的方法控制包含施工方案、施工工艺、质量规划、施工技术措施等的控制。主要应切合工程实际,能解决施工中碰到的难题,并做到技术可行、经济合理,有利于保证质量、加快进度、降低成本。

5. 施工环境因素控制

影响项目施工质量的环境因素较多,有工程技术环境(如工程地质、水文、气象等);工程管理环境(如质量保证体系和质量管理制度);劳动环境(如劳动组合,作业场所、工作面等)以及前道工序成果为后道工序提供的操作环境等。自然环境因素对项目施工质量的影响具有复杂多变的特点,必须结合项目施工实际作出具体分析,对影响因素实施有效控制,如对冬季严寒环境控制,既可以采用暖棚法施工以改善施工环境温度,也可以采用冬期施工技术措施,如混凝土工程加早强剂和抗冻剂等技术措施。

(三)项目施工质量控制的内容

1．施工准备阶段的质量控制

(1)要对工程地质勘探条件资料进行复核检查,同时参加图纸会审和设计交底等工作。对项目施工规划要求进行两个方面的控制:一是选定施工方案后在制订施工进度时,必须考虑施工工艺及施工顺序能否保证工程质量。二是制订施工方案时必须进行技术经济分析和比较,力争在保证质量的前提下缩短工期、降低成本。

(2)要检查临时设施是否符合工程质量和使用要求,检查施工机械设备是否可以进入正常生产运行状态,同时还要检查参加施工的人员是否具备相应的操作技术和资格,检查施工人员是否已进入正常的作业状态。另外,对原材料要逐一核实产品合格证或在使用前进行复验,以确认材料的真实质量,保证其符合设计要求。

2．施工阶段的质量控制

(1)要加强对施工工艺的质量控制。工艺是直接加工或改造劳动对象的技术措施和方法。在建筑安装工程施工中,特别要预先向作业者进行工艺过程的技术交底,交代清楚有关的质量要求和施工操作技术规程,使施工工艺的质量控制符合标准化、规范化、制度化的要求。

(2)加强对施工工序的质量控制。在进行工序质量控制时,应着重于四个方面的工作:

1)严格遵守工艺规程,它是进行施工操作的依据和法规,是确保工序质量的前提,任何人都必须严格执行、不得违背。

2)主动控制工序活动条件的质量。工序活动条件包括内容较多,主要是指将影响质量的五大因素:即施工操作者、材料、施工机械设备、施工方法和施工环境等。只要将这些因素切实有效地控制起来,使它们处于被控制状态,确保工序投入品的质量,避免系统性因素变异发生,就能保证每道工序质量的正常与稳定。

3)及时检验工序活动效果的质量。工序活动效果是评价工序质量是否符合标准的尺度。为此,必须加强质量检验工作,对质量状况进行综合统计与分析,及时掌握质量动态,一旦发现质量问题随即研究处理,自始至终使工序活动效果的质量满足规范和标准的要求。

4)设置工序质量控制点。控制点是指为了保证工序质量而需要进行控制的重点(或是关键部位,或是薄弱环节),以便在一定时期内,一定条件下进行强化管理,使工序处于良好的控制状态。设置质量控制点,是对项目施工质量进行预控的有力措施。

3．交工验收阶段的质量控制

产品的交工验收有二重含义:一方面指单位工程或单项工程完全竣工移交给建设单位;另一方面指分部分项工程中的某一道施工工序已经完成并移交给下道施工工序的作业者。这阶段的质量控制主要指第二种含义,即决不能让上道工序的不合格品转入下道工序。

三、项目施工质量控制的依据和方法

(一)项目施工质量目标控制的依据

包括技术和管理二种标准。

1. 技术标准有

工程设计图纸及说明、建筑安装工程施工及验收规范(GBJ 300—83,GBJ 107—87),建筑安装工程质量检验评定统一标准(GBJ 300—88),建筑工程质量检验评定标准(GBJ 301—88),本地区及企业自身的技术标准和规程,施工合同中规定采用的有关技术标准。

2. 管理标准有

GB/T 19002《质量体系——生产和安装的质量保证模式》,GB/T 6583—92《质量——术语》,企业主管部门有关质量工作的规定,本企业的质量管理制度及有关质量工作的规定,项目经理部与企业签订的合同及企业与业主签订的合同,项目施工规划等。

(二) 项目施工质量控制的方法

项目施工质量控制方法主要有：全面质量管理的 PDCA 循环方法、直方图法、排列图法、因果分析法、控制图法、相关图法、分层法和调查分析表法等七种数理统计方法,下面介绍几种主要方法：

1. 质量保证体系运转的基本形式为 PDCA 循环

PDCA 循环为四个阶段及其八个步骤,具体如下：

(1) P(Plan)阶段,即计划阶段：就是要以提高质量、降低消耗为目标,通过分析确定质量管理的方针和目标,以及达到这些目标的具体措施和方法。其步骤如下。第一步：分析现状,找出存在的质量问题。第二步：分析原因,找出影响质量的主要因素。第三步：针对影响质量的主要因素,拟定对策和措施并提出改进计划、预计其效果。

(2) D(Do)阶段,即实施阶段：就是要按已制订的计划去执行,这个阶段只有一个步骤,即第四步：执行计划。

(3) C(Check)阶段,即检查阶段：就是对照计划检查执行效果,及时发现计划执行过程中的问题。这个阶段有二个步骤,即第五步：调查对比,及时发现执行计划中的问题；第六步：采取必要的措施,进行反馈调整。

(4) A(Action)阶段,即处理阶段：就是把经验加以总结、制订成标准、规程、制度以巩固成绩。不能解决的遗留问题应转移到下一轮循环,以备进一步研究解决。这一个阶段有二个步骤,即第七步：总结经验,巩固提高。第八步：提出遗留问题转入下一个循环。

质量管理活动的全部过程就是反复地按照 PDCA 循环运转,周而复始地进行。这个管理循环每运转一次,质量就提高一步,质量水平随管理循环不停地运转而不断地提高。如图 6-11 和图 6-12 所示。

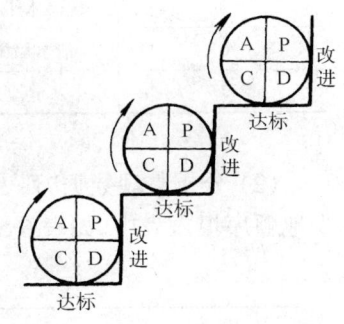

图 6-11  PDCA 循环图

2. 排列图法

排列图又称巴氏图、巴雷特图。是在影响工程质量的很多因素中分析寻找主要影响因素的一种简单有效的方法。排列图(6-13)由二个纵坐标和一个横坐标组成,左侧纵坐标表示频数,即不合格次数,右侧纵坐标表示累计频率,即不合格品累计百分数,横坐标表示影响产品质量的各不良项目或因素,按影响质量程度的大小,从左到右依次排列。每个直方形的高度表示该因素影响的大小,图中曲线即巴雷特曲线。在排列图上,通常把曲线的累计百分

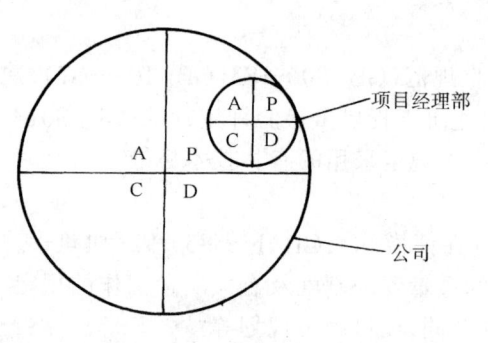

图 6-12 PDCA 循环关系图

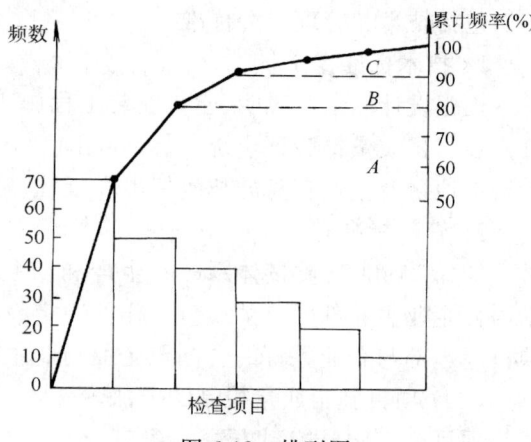

图 6-13 排列图

数分为三类:即 A 类因素,对应于频率 0~80%,是影响产品质量的主要原因。B 类因素,对应于频率 80%~90%,为次要因素。C 类因素对应于频率 90%~100%,为一般因素。运用排列图便于找出主次矛盾,有利于采取措施加以改进。现以某砌砖工程为例,其具体组织步骤如下:

(1) 收集寻找问题的数据。某瓦工班组在一幢砖混结构的住宅工程中共砌筑 400m³ 的砖墙,为了提高砌筑质量,对其允许偏差项目进行检测,检测数据如表 6-4。

砖墙砌体允许偏差检测数据表　　　　　　　　　　　表 6-4

| 项次 | 项目 | 允许偏差(mm) | 检查点数 | 不合格点数 |
|---|---|---|---|---|
| 1 | 轴线位移偏差 | 10 | 30 | 0 |
| 2 | 墙体顶面标高 | ±10 | 30 | 0 |
| 3 | 垂直度(每层) | 5 | 39 | 3 |
| 4 | 表面平整度 | 5 | 30 | 15 |
| 5 | 水平灰缝 | 7 | 30 | 9 |
| 6 | 清水墙游丁走缝 | 15 | 30 | 6 |
| 7 | 水平灰缝厚度(10皮砖) | ±8 | 30 | 5 |

(2) 分析整理数据"列表",即作不合格点数统计表。把各个项目的不合格点数由多到少地顺序填入表中,如表 6-5,并计算每个项目的频率和累计频率。

砌墙工程不合格项目及频率　　　　　　　　　　　表 6-5

| 序号 | 项目 | 不合格点数(频数) | 频率(%) | 累计频率(%) |
|---|---|---|---|---|
| 1 | 表面平整度 | 15 | 39.5 | 39.5 |
| 2 | 水平灰缝平直度 | 9 | 23.7 | 63.2 |
| 3 | 清水墙游丁走缝 | 6 | 15.8 | 79 |
| 4 | 水平灰缝厚度(10皮砖) | 5 | 13.2 | 92.2 |
| 5 | 垂直度(每层) | 3 | 7.8 | 100 |
| 合计 | — | 38 | 100 | — |

(3) 绘制排列图,如图 6-14 所示。

(4) 确定影响质量的主要因素。由图可知,影响砌筑质量的主要因素是 1、2、3 项,即表面平整度、水平灰缝平直度和清水墙游丁走缝,应采取措施以确保工程质量。

3. 因果分析图法

因果分析图是表示质量特性与原因关系一种图示法。在工程施工中,当寻找出影响质量的主要问题后,就要制定相应的对策加以改进。但在实践中,一个主要的质量问题往往不仅是一个原因造成,而有多种原因造成的,为了寻找这些原因的起源,就要采取追根问底的从大到小、从粗到细的列示原因方法,这种方法即因果分析图法,或又称为特性要因图、鱼刺图、树枝图等,如图 6-15 所示。运用因果分析图可以帮助我们制定对策,解决工程质量上存在的问题,从而达到控制质量的目的。现以混凝土强度不足的质量问题为例,绘制因果分析图,如图 6-16。

以上介绍的 PDCA 循环法、排列图法、因果分析图法是项目施工质量控制中应用较多的方法,其余方法可参考有关书籍。

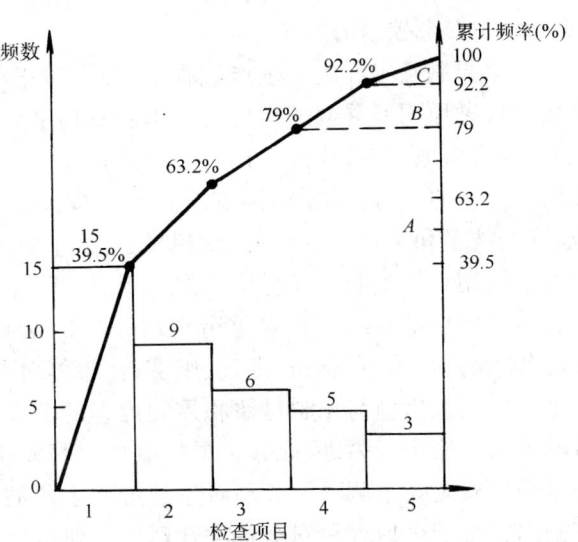

图 6-14 检查项目允许偏差排列图

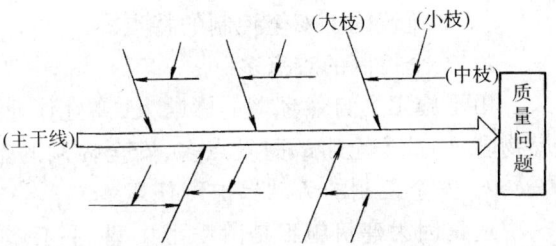

图 6-15 因果分析图

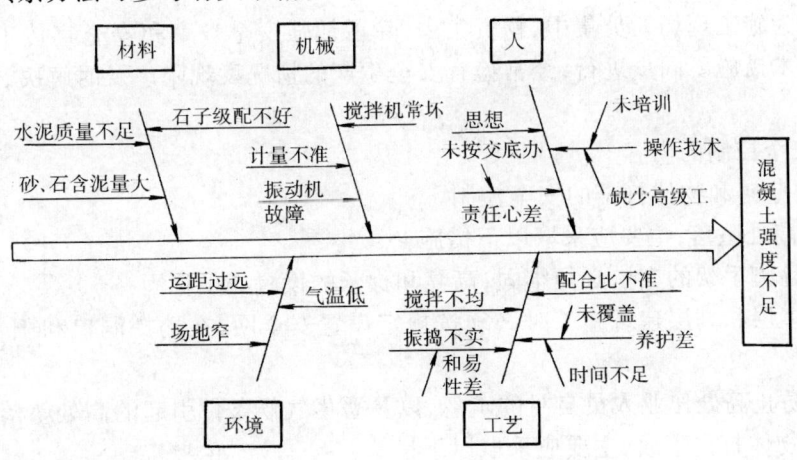

图 6-16 混凝土强度不足因果分析图

### 四、项目施工安全控制的概念、特点和内容

（一）安全控制的概念

安全控制是指在施工生产过程中，为了防止和消除人身伤亡和健康损失，针对产生安全事故的各种原因所采取的相应的技术和管理措施。安全控制的目的是保证项目施工中没有危险、不出事故，不造成人身伤亡和财产损失。安全是为质量服务的，质量要以安全作保证，在质量控制的同时，必须加强安全控制。安全既包括人身安全，也包括财产安全。安全法规、安全技术和工业卫生是安全控制的三大主要措施。安全法规也称劳动保护法规，是用立法的手段制订保护职工安全生产的政策、规程、条例和制度。安全技术指在施工过程中为防止和消除伤亡事故或减轻繁重劳动所采取的措施。工业卫生是指在施工过程中为防止高温、严寒、粉尘、噪声、震动、毒气、废液、污染等对劳动者身体健康的危害采取的防护和医疗措施。该三大措施与控制对象和控制内容的关系是：安全法规侧重于对劳动者的管理、约束劳动者的不安全行为，因此其主要控制内容是安全生产责任制、安全教育、安全事故的调查与处理。安全技术侧重于劳动对象和劳动手段的管理，清除、减弱物的不安全状态，其主要控制内容是安全检查和安全技术管理。工业卫生侧重于环境管理，以形成良好的劳动条件，主要控制内容也是安全检查和安全技术管理。上述的控制对象（人、物、环境）构成了安全施工体系，安全控制管人、管物、管环境。

（二）建筑施工安全控制的特点

1．安全控制的难点多

由于施工受自然环境的影响大，高处作业多、地下作业多、大型机械多、用电作业多、易燃物多，因此安全事故引发点多，安全控制的难点必然大量产生。

2．安全控制的劳动保护责任重

这是因为建筑施工是劳动密集型，手工作业多、人员数量多、交叉作业多，所以相对来讲作业危险性就大。因此，要通过加强劳动保护教育，增强自我保护的意识，为安全施工创造良好条件。

3．安全控制的重点是施工现场

这是因为施工现场人员集中，物资集中，除了加强安全教育和安全宣传工作外，相应的安全组织技术措施要同步进行，经常检查安全生产的情况发现隐患及时解决，把事故控制在最低限度。

（三）安全控制的内容

1．高空坠落和物体打击的安全控制

为防止高处坠落，主要应采取以下措施：

（1）各种脚手架的支撑必须牢固，高凳和梯子的设置必须稳固；

（2）在多层和高层建筑施工时必须按规定设置安全网，在楼梯洞口和阳台处必须安装防护措施。

（3）要防止高处作业人员自身的疏忽，以及恶劣气候条件引起的高处坠落事故。

为防止物体打击事故，主要应采取以下措施：

（1）严格监督进入工程施工现场的人员，必须人人佩戴安全帽；

（2）施工现场的通道和建筑物的出入口应搭设护头棚；

（3）构件和材料施工吊装时，吊具必须牢固，且吊臂下严禁站人。

2．机械工具和电气设备的安全控制

机械工具的安全控制主要包括：

（1）对于一般机械工具，要对其高速转动的部件安设防护装置，场内运输车辆必须刹车灵敏，搅拌机械要在用完后断电锁闸。

（2）对于大型起重设备，其安全装置要齐全可靠，吊具吊索要牢固保险，机械操作必须遵守安全规程。

电气设备的安装控制主要包括：

（1）对于高压设备，其引入线路要按规定保持一定的架空高度，送变电设备必须有一定的防护设施，操作人员必须使用绝缘工具进行操作。

（2）对于低压设备，在狭窄的地方和较高金属架上的电焊机，必须使用电击自动防止装置，在潮湿的场所和金属平台上电气设备，应接上防止触电的漏电遮断装置，电气设备必须在确实接地后使用。

3．土方坍塌和模具跌落的安全控制

土方坍塌的安全控制主要包括：

（1）在挖土前根据挖土深度及地质情况做好边坡放坡或边坡支护工作。

（2）施工材料和施工设备不要放置在坑边，否则应必须对土坑边坡采取加固措施。

（3）在雨期施工时要注意基坑周围的排水。

模具跌落的安全控制主要包括：

（1）脚手架支搭必须科学合理，其所用材料必须坚固。

（2）模板放置时必须安装垫木和拉杆，以保持其稳定。

（3）大型吊装构件在吊装摘钩前必须就位焊牢，并设置临时支撑。

4．火灾预防管理工作的安全控制

建筑施工现场产生火灾的危险性较大，稍有疏忽就有可能发生火灾事故。因此，必须做好以下工作：

（1）建立和健全各级安全防火责任制。

（2）施工现场工人应加强安全防火岗位责任制。

（3）建立施工现场防火工具管理制度。

（4）加强重点部位安全防火检查制度。

（5）加强对易燃，易爆物品的管理制度。

### 复 习 思 考 题

1．施工项目控制的含义和主要任务是什么？
2．施工项目控制的措施有哪些？
3．施工项目成本控制方法如何？
4．什么是施工项目成本？成本项目有哪些？
5．工程质量和项目施工质量的概念及特点是什么？
6．试述全面质量管理的基本观点？
7．试述施工质量控制的方法。
8．质量保证体系运转的基本形式及步骤有哪些？
9．影响项目施工质量的因素有哪些？试举例说明。

10. 安全控制的概念、特点及内容有哪些？

## 计 算 题

1. 某工程施工影响质量的因素和出现次数见下表，试用排列图分析这些因素的主要因素，次要因素和一般因素。

| 影响质量因素序号 | 1 | 2 | 3 | 4 | 5 | 6 | 7 |
|---|---|---|---|---|---|---|---|
| 影响质量因素名称 | 钢筋强度 | 预埋件 | 表面平整 | 表面缺陷 | 侧向弯曲 | 混凝土强度 | 截面尺寸 |
| 出现次数 | 10 | 4 | 8 | 3 | 20 | 105 | 50 |

2. 某混凝土工程在施工中经质量检查，共有100个质量不合格点，具体为：强度不够52个点，露筋27个点，蜂窝麻面10个点，预埋件位置偏差9个点，其他因素2个点，试用排列图法绘出排列图，并指出哪些是主要因素、次要因素和一般因素。

3. 某工程的砖墙工程材料、人工因素如下表，试用因素分析法进行控制偏差分析。

| 项 目 | 单 位 | 计 划 | 实 际 |
|---|---|---|---|
| 墙体工程量 | $m^3$ | 320 | 322 |
| 砖单位用量 | 块/$m^3$ | 330 | 328 |
| 砖 单 价 | 元/块 | 0.50 | 0.55 |
| 单 位 耗 工 | 工日/$m^3$ | 1.3 | 1.2 |
| 工 资 率 | 元/工日 | 21 | 20 |

# 第七章 施工项目的生产要素管理

施工项目的生产要素管理是施工项目管理的重要内容之一,如何认识施工项目生产要素的内容和生产要素的优化配置问题,是施工项目实现基本目标的课题。因此,必须引起高度重视。

## 第一节 施工项目生产要素的内容

(一) 施工项目生产要素的概念

生产要素是指形成生产力的各种要素。首先,形成生产力的物质基础,通常称为"三要素"即①劳动力,是指具有劳动能力的人。人是生产力中最活跃的因素,人能掌握生产技术,运用劳动手段,作用于劳动对象,从而形成生产力。②劳动手段,是指机械、设备工具和仪器等,它只有被人所掌握才能形成生产力。③劳动对象,是指材料或半成品等。人掌握一定的科学技术,利用劳动手段,进行"改造"的对象,通过"改造"使劳动对象形成产品。形成生产力的首要因素是科学技术。科学技术的水平,决定和反映了生产力的水平。科学技术被劳动者所掌握,并且融汇在劳动对象和劳动手段中,便能形成相当于科学技术水平的生产力水平。其次,资金也是生产要素,因为它是财产和物资的货币表现。也可以说资金是一定货币和物资的价值总和,它是一种流通手段。投入生产的劳动对象、劳动手段和劳动力,只有支付一定的资金才能得到。也只有得到一定的资金,生产者才能将产品销售给用户,并以此维持再生产活动或扩大再生产活动。

施工项目的生产要素是指生产力作用于施工项目的有关要素,也可以说是投入施工项目的劳动力、材料、机械设备、技术和资金诸要素。加强施工项目管理,必须对施工项目的生产要素认真研究,强化其管理。

(二) 施工项目生产要素管理的一般程序

在施工项目运转过程中,对生产要素进行动态管理。项目的实施过程是一个不断变化的过程,随着项目施工的进展,对生产要素的需求在不断变化。也就是说,在项目施工中,对生产要素需求的平衡是相对的,而不平衡是绝对的。这样,对于某一阶段、某一时期是最优的生产要素组合并不适应于其他阶段和时期。因此,生产要素的配置和组合也就需要不断调整,最大限度地发挥人力、物力去完成最大可能完成的任务,实现最佳经济效益,这就需要动态管理。动态管理的目的和前提是优化配置与组合,动态管理是优化配置和组合的手段与保证。动态管理的基本内容就是按照项目的内在规律,有效地计划、组织、协调,控制各生产要素,使之在项目中合理流动,在动态中寻求平衡。施工项目生产要素管理的一般程序:

1. 编制生产要素计划。编制生产要素计划的目的是对资源投入量、投入时间、投入步骤作出合理安排,以满足施工项目实施的需要。

2. 生产要素的供应。按编制的计划,从资源的来源到投入再到施工项目中进行实施,使计划得以实现,施工项目的需要得以保证。

3. 节约使用资源。根据各种资源的特性,设计出科学的措施,进行动态配置和组合,协调投入,合理使用、不断纠正偏差,用可能少的资源,满足项目的使用,以达到节约的目的。资源节约在于计划积极可靠、资源优化效果好、按计划保证供应,认真制定并实施节约措施、协调及时得力。

4. 进行生产要素使用投入、使用与产出的核算,实现节约使用的目的。

5. 进行生产要素使用效果的分析,一方面是对管理效果的总结,找出经验和问题,评价管理活动;另一方面又为管理提供储备和反馈信息。因此,生产要素管理工作运转形式也可采用P、D、C、A循环。

(三) 施工项目生产要素的内容

1. 劳动力

在我国施工管理体制是经济管理体制的一部分,属于建筑业宏观管理的范畴。改变劳动力结构,实行多种形式相结合的弹性用工制度,改革分配机制实行工效挂钩为主体的按劳分配的工资奖励办法,调动了企业和职工的生产积极性。随着国家和建筑业用工制度的改革,施工企业现在已经有了多种形式的用工,包括固定工、合同工和临时工,而且已经形成了弹性结构。在施工任务增大时,可以多用农民合同工或农村建筑队。任务减少时,可以少用农民合同工或农村建筑队,以避免窝工。由于可以从农村招用年轻力壮的劳动力,劳动力招工难和不稳定的问题基本得到了解决,也改变了队伍结构,促进了劳动生产率的提高。农民工和临时工到企业中来,既不增加企业的负担,又不增加城市和社会的负担,因而大大节省了福利费用,减轻了国家和企业的负担,适应了建筑施工和施工项目用工弹性和流动性的要求。建筑业用工制度的改革也为农村、城市的富余劳动力创造了就业机会,为贫困地区脱贫致富提供了机会。

施工项目中劳动力关键在使用,使用的关键在于提高效率,提高效率的关键是如何调动职工的积极性,调动积极性的最好办法是加强政治思想教育工作和利用行为科学,以劳动力个人的需要和行为的关系观点,进行恰当的激励。以上也是施工项目劳动管理的正确思路。

2. 材料

建筑材料按在生产中的作用可分为主要材料、辅助材料和其他材料。其中主要材料是指在施工中被直接加工,构成工程实体的各种材料,如钢材、水泥、木材、砂、石等。辅助材料指在施工中有助于产品的形成,但不构成实体的材料,如燃料、油料、润滑剂、脱模剂、棉纱等。周转材料指在施工生产过程反复使用,起工具作用而又基本保持原有材料的形态的材料,如模板、脚手架等。预制件是指对建筑材料事先进行加工生产,经安装后就能构成建筑产品实体的各种构件,如金属构件、混凝土构件、木构件、铁件等。另外,机械零配件等都因在施工中有独特作用而自成一类,其管理方式与材料基本相同。

建筑材料还可以按其自然属性分类。包括金属材料、硅酸盐材料、电器材料、化工材料等。它们的保管、运输各有不同要求,需分别对待。

施工项目材料管理的重点应该在现场上、在使用上、在节约和核算上。因为降低项目成本的关键主要是材料的节约。就节约来讲,其潜力是最大的。

3. 机械设备

施工项目的机械设备,主要是指作为大型工具使用的大、中、小型机械,既是施工企业的固定资产,又是形成生产力的劳动手段。施工项目的机械设备种类较多。一般分为土方机械(如挖土机、铲运机、推土机、压路机等)、起重机械(如履带起重机、塔式起重机、汽车式起重机、卷扬机等)、运输机械(如自卸式汽车、载重汽车、混凝土搅拌汽车、翻斗汽车等)。另外,还有混凝土与灰浆搅拌机械、钢筋加工机械,抽水机械等等。

施工项目机械设备管理的环节分选择、使用、保养、维修、更新等,其中关键是使用。在机械设备使用中要提高机械效率必须提高利用率和完好率。利用率的提高靠人,完好率的提高在于加强保养与维修。因此,机械设备管理就是要寻找提高利用率和完好率的措施。

4. 技术

技术的内涵很广,包括操作技能、劳动者素质、生产工艺及方法、试验检验、管理程序等。对于施工项目来说,由于建筑产品生产的特点,如生产的流动性、单件性、周期性、地区性、综合复杂性等,决定了技术的作用更显重要。

施工项目技术管理,是对各项技术工作要素和技术活动过程的管理。技术工作要素包括技术人才、技术装备、技术规程、技术资料等。技术活动过程指技术计划、技术运用、技术评价等。技术作用的发挥除了决定于技术本身的水平外,在很大程度上还依赖于技术管理水平。没有完善的技术管理,先进的技术是难以发挥作用的。施工项目技术管理的任务:一是正确贯彻国家和行政主管部门的技术政策,贯彻上级对技术工作的指示和决定;二是研究、认识和利用技术规律,科学地组织各项技术工作,充分发挥技术的作用;三是确立正常的生产技术秩序,进行文明施工,以技术保工程质量;四是努力提高技术工作的经济效果,使技术与经济有机地结合。

5. 资金

施工项目的资金,以流动过程来讲,首先是投入,即筹集到的资金投入到施工项目上,其次是使用,也就是支出。资金管理,也就是财务管理,它主要有以下环节:编制资金计划、筹集资金、投入资金(施工项目经理部收入)、资金使用(支出)、资金核算与分析。施工项目资金管理的重点是收入与支出问题,收支之差涉及到核算、筹资、贷款、利息、利润、税金等问题。

## 第二节 施工项目劳动管理

### 一、劳动力的优化配置

劳动力优化配置的目的是保证生产计划或施工项目进度计划的实现,项目的进度计划编制完成以后,为了保证它能切实可行,就要考虑人力资源在此计划中使用的合理性。因此,必须进一步进行劳动力资源的优化配置,使人力资源得以充分利用,从而提高劳动生产率,降低工程项目成本。人是项目施工过程中的能动因素。为使项目顺利实施,必须充分发挥人的积极性与创造性,运用人的行为科学,使每个人都发挥其最大潜能。这就需要严格合理的劳动管理,所要做的主要工作有:对施工项目进行劳动组合优化,科学地制定企业劳动定额与定员,充分发挥承包制的优势,使职工的责、权、利相结合,按照多劳多得的原则进行收入分配等。

(一)劳动力的来源及其管理

建筑施工企业两层分离,组建了内部生产要素的运行机制,劳动力来源按下述要求考虑:

1. 企业内部劳务层是以自有劳务和外来劳务两种来源构成的劳务运行机制

自有劳务指属于本企业人员编制(包括合同制工人和固定职工)的施工作业服务人员,他们形成了一部分的工程实物量直接生产能力和全部的机械作业、维修、后勤保障等间接生产能力。随着我国经济体制改革的深入,企业自有固定职工逐渐减少,合同制工人逐渐增加,而主要的工人来源将是外来劳务。实行定点定向,双向选择,专业配套,长期合作,外来劳务指外省市乡镇建筑企业来本地施工作业人员和本地招募的施工作业人员。他们形成了大部分工程实物量的直接生产能力。这样就形成了双元化劳动力资源。

施工项目的作业工人,由企业内部劳务层按项目经理部的劳动力计划提供。内部劳务层提供的劳动大部分来自建筑劳务基地。在特殊情况下,经企业劳务部门授权,由项目经理部自行招募。

2. 外来劳务

外来劳务进入企业内部,企业内部劳动力的管理,按施工项目的动态管理的要求,根据项目实际使用情况进行管理。程序如下:

(1) 资质审查。企业劳动人事部统一主管外来劳务的资质审查。外来劳务必须出具当地有关部门核发的施工许可证及劳务承包证明、联系施工业务介绍信、企业营业执照、企业资质证书、签订工程合同法人委托书等,经审查核实后,才允许进入本企业。

(2) 签署合同。凡获准进入企业内部劳务层的外来劳务,由用工单位的劳务管理部门和项目经理部一起与之就特定工程的全部作业任务或分部分项工程作业任务的合同事宜进行洽谈。合同一律采用企业统一印制文本。任务完成后,解除合同,劳动力退归劳务市场。

合同文本应有明确标的,并附有明细的工程预算,标明实物量、定额工日、人工单价与总价。合同力求按预算书实物量一次包全包死,对于特殊情况,则可按基础、结构、装饰阶段分别列出预算。

合同条款除标的外,还需附有下列内容:

1) 工期要求以及约束手段条款;
2) 质量标准以及约束手段条款;
3) 安全生产条款并附有《安全生产协议书》及相应约束手段,并须报企业备案;
4) 现场场容管理要求及其约束手段条款;
5) 违约责任条款;
6) 附有与保卫部门签订的《治安综合治理工作协议书》;
7) 禁止转包条款;
8) 禁止变更人员及人数的条款;
9) 禁止使用童工的条款。

(3) 过程管理。项目经理(管理)部在外来劳务进场施工时相应建立分部、分项工程的工期、质量、安全、场容管理的考核验收制度,落实相关的责任人员,发现问题及时向外来劳务指出,责令整改。产生消极后果的则按有关合同约束条款处置。项目经理(管理)部对有关责任管理人员也要建立绩效考核奖惩制度。

过程管理中,应建立以考核验收单为主体的原始凭证制度。考核验收单以单位工程为个体签发,并在施工开始前发至外来劳务作业队伍。

(4) 费用结算。合同完成后,应按规定的分包内容及其他条款进行全面考核验收。考核验收单和工程预算书是费用结算的凭证,合同结算款按合同规定范围内实际完成的工程实物量,计算出定额工日数乘以考核后确定的结算人工单价,以及已计入成本的估点工总工日数与发生额一并计算。

如实际完成实物量与预算实物量发生差异,应与相应预算部门联系并办理增减帐手续。经审批后,再进行增减帐结算。

(二) 劳动力配置的依据和方法

劳动力配置的依据,就企业来讲,是根据劳动力需用量计划,而劳动力需用量计划又是按企业的生产任务与劳动生产率水平计算的。就施工项目而言,劳动力的配置依据是施工进度计划。

劳动力配置的方法,则应根据所承包到的施工项目,按其施工进度计划和各工种需要数量进行配置。因此,劳动管理部门必须审核施工项目的施工进度计划和其劳动力需要计划。一般应注意以下几个方面的问题:

1. 应在劳动力需用量计划的基础上再加以具体化,防止漏配。必要时根据实际情况对劳动力计划进行调整。

2. 如果现有的劳动力能满足要求,配置时尚应贯彻节约的原则。如果现有劳动力不能满足要求,项目经理应向企业申请加配,或在企业经理授权范围内进行招募,也可以把任务转包出去。如果在专业技术或其他素质上现有人员或新招收人员不能满足要求,应提前进行培训,再上岗作业。培训任务主要由企业劳务部门承担。

3. 劳动力配置应积极可靠,让工人有超额完成指标的可能,以获得奖励,从而激发出工人的劳动热情。

4. 尽量使施工项目正在使用的劳动力和劳动组织保持稳定,防止频繁调动,当在用劳动组织不适应任务要求时,应及时进行劳动组织的调整和优化组合。

5. 为保证作业需要,工种组合,技术工人与壮工比例必须适当、配套。

6. 尽量使劳动力均衡配置,以便于管理,使劳动资源强度适当,达到节约的目的。

## 二、劳动力的组织形式

施工项目劳动力组织的基本形式是施工班组。班组的人数应当根据工程需要,按便于管理、调动,便于工序之间配合协作的原则来确定。一般以专业班组为主,同时应根据具体的工程对象、生产条件、施工方法和工人的技术水平,灵活组织并及时调整,才能适应施工项目复杂的生产情况。

项目经理部根据计划与劳务合同,接收到作业队派遣的作业人员后,应根据工程的具体情况,或保持原建制不变,或重新进行组合。组合的形式有三种:

(1) 专业班组,即按施工分项工艺由单一工种(专业)的工人组成。根据施工需要配备一定数量普通工。例如:瓦工班组、木工班组、混凝土班组等。专业班组只能完成单一施工过程,如砌筑砖墙、装拆模板、浇捣混凝土等。专业班组的优点是:工人担负生产任务比较专一,施工对象不变或变化不大,有利于工人钻研技术,提高操作技术水平,有利于保证工程质量,提高工效,加快施工进度,创造全优工程。它的缺点:分工过细,不能适应同一施工对象几个相邻施工项目或工序之间交叉施工的要求,各个工序和工种间不便于协作配合、互相调剂,容易造成工时浪费,引起窝工现象,影响劳动生产率的提高。一般大中型工程适宜采用这种劳动组织形式,小型工程或分散的工程不宜采用此形式。

(2) 混合班组,即按完成一个分部工程或单位工程所需要的,互相联系的各专业工种工人组成的,可以在一个集体中进行混合作业,工作中可以打破每个工人的工种界限。其工种人数,主要根据所担负的工程任务多少,按比例配备。混合班组的优点是:具有一定的综合施工能力,能够有效地加强施工过程中各工种工人在组织上和操作上的搭接协作,因而能够加速工程进度,有利于提高工程质量和劳动生产率。其缺点:由于班组内各工种工人的任务轻重不一,如果安排不当,就会出现忙闲不均现象,影响劳动生产率的提高。为此,空闲的工种工人就应参加其他工种工作,这样不利于专业技能及熟练水平的提高。这种组织形式适用于小型工程或分散的工程,工程量少,专业技术要求不高的情况,不宜用于大、中型工程项目。

(3) 大包队。这种劳动组织形式实际上是扩大了专业班组或混合班组,适用于一个单位工程或分部工程的作业承包。该队内部可以划分专业班组,其优点是可以进行综合承包,独立施工能力强,有利于协作配合,简化了管理工作。

### 三、劳务承包责任制

企业内部的劳动服务方式应当实行劳务承包责任制,即由企业劳务管理部门与项目经理部通过签订劳务承包合同承包劳务,派遣作业队完成承包任务。作业队到达项目现场以后,服从项目经理部的具体安排,接受根据承包合同下达的大包任务书或施工任务单,按任务书或任务单的要求施工。

1. 企业劳务部门与项目经理部签订劳务合同的内容

(1) 作业任务及应提供的计划工日数和劳动力人数;

(2) 进度要求及进场、退场时间;

(3) 双方的管理责任;

(4) 劳务费计取及结算方式;

(5) 奖励与罚款。

其中的关键内容是双方的责任。企业劳务管理部门应负责包任务量完成、包进度、包质量、包安全、包节约、包劳务费用、包文明施工。项目经理部应负责作业队进场后的各种保证:保证施工任务饱满和生产的连续性、均衡性、保证物资供应和机械配套、保证各项质量,安全防护措施的落实、保证技术资料及时供应、保证文明施工所需的一切费用及设施等。

2. 劳动管理部门向作业队下达劳务承包责任状

责任状是上级向下级下达任务,下级向上级作出承诺的协议性文件。它不同于合同之处就在于,前者体现上下级之间的领导与被领导关系,而后者体现平等关系。责任状根据已签订的合同建立。劳务承包责任状的内容:作业队承包的任务内容及计划安排;对作业队的进度、质量、安全、节约、协作和文明施工要求;考核标准及作业队应得的报酬、上缴任务;对作业队的奖罚规定。

### 四、劳动力的动态管理

劳动力的动态管理指的是根据生产任务和施工条件的变化对劳动力进行跟踪平衡、协调,以解决劳务失衡、劳务与生产要求脱节的动态过程。其目的是实现劳动力动态的优化组合。为此,企业劳务部门要对劳动力进行集中管理。

1．劳动力动态管理的原则
(1)动态管理应以进度计划与劳务合同为依据；
(2)动态管理应以企业各生产要素的运行为依托，按项目内在规律合理流动；
(3)动态管理还应以动态平衡和日常调度为手段；
(4)动态管理应以达到劳动力优化组合和以充分调动作业人员的积极性为目的。

2．劳动管理部门在动态管理中所起的主导作用，应从以下几个方面进行工作
(1)根据施工任务的需要和变化，从社会劳务市场中招募和遣返(辞退)劳动力；
(2)根据项目经理部所提出的劳动力需要量计划与项目经理部签订劳务合同，并按合同向作业队下达任务，派遣队伍；
(3)对劳动力进行企业范围内的平衡、调度和统一管理。施工项目中的承包任务完成后收回作业人员，重新进行平衡、派遣；
(4)负责对企业劳务人员的工资奖金管理，实行按劳分配，兑现合同中的经济利益条款，进行合乎规章制度及合同约定的奖罚。

3．项目经理部劳动力动态管理的责任
(1)按计划要求向企业劳务管理部门申请派遣劳务人员，并签订劳务合同；
(2)按计划在项目中分配劳务人员，并下达施工任务单或承包任务书；
(3)在施工中不断进行劳动力平衡、调整，解决施工要求与劳动力数量、工种、技术能力、相互配合中存在的矛盾。在此过程中按合同与企业劳务部门保持信息沟通、人员使用和管理的协调；
(4)按合同支付劳务报酬、解除劳务合同后将作业人员遣归企业劳务部门。

**五、施工项目的劳动分配方式**

施工项目的劳动分配是施工项目劳动管理工作中的一个十分重要的环节。它对于执行现行国家劳动分配制度，提高劳动者的积极性起着一定的作用。施工项目劳动分配的内容有：作业队劳务费收入、作业队对班组劳动报酬的支付及奖罚收支、作业队向劳务管理部门上缴任务的完成、班组内部的分配。劳动分配的依据为：企业的劳动分配制度、劳动工资核算资料及设计预算、劳务承包合同及劳务责任状、劳务考核结果。施工项目劳动分配的一般方式：

1．企业劳务部门与项目经理部签订劳务承包合同时，即根据包工资，包管理费的原则，在承包造价的范围内，扣除项目经理部的现场管理工资额和应向企业上缴的管理费分摊额，对承包劳务费进行合同约定。项目经理部按核算制度，按月结算，向劳务管理部门支付。

2．劳务管理部门负责按劳务责任状向作业队支付劳务费，该费用支付额根据劳务合同收入总量，扣除劳务管理部门管理费及应缴企业部分，经核算后支付。作业队按月进度收取。

3．作业队向工人班组支付工资及奖金，按计件工资制，在考核进度、质量、安全、节约、文明施工的基础上进行支付。考核时宜采用计分制。

4．班组向工人进行分配实行结构工资制，并根据表现对考核结果进行浮动。

## 第三节 施工项目材料管理和机械设备管理

施工项目材料与机械设备管理是工程项目管理中的重要内容之一。加强管理的目的，是为了在保证工程质量、进度的前提下，节约费用。材料的节约使用和注重保管与机械设备的使用和注重利用率、完好率等，都是提高施工项目经济效益的重要途径。

### 一、施工项目的材料供应

材料供应是材料管理的首要环节，与材料供应市场关系极大，即取决于施工项目中的材料供应体制。现行的体制下项目材料供应为：

（一）材料供应权主要体现于法人层次上

企业取得物资采购权，并建立了统一的供应机构，对工程所需的主要材料、大宗材料实行统一计划、统一采购、统一供应、统一调度和统一核算，承担"一个漏斗""两个对接"的功能，即一个企业绝大部分主要材料通过企业层次的材料机构进入企业，形成"漏斗"的企业材料机构既要与社会建材市场"对接"，又要与本企业的项目管理层"对接"。这种方式可以扭转当前企业多渠道供应，多层次采购的低效状态，可以把材料供应管理工作贯穿于施工项目管理的全过程，即投标报价、落实施工方案、编制供料计划、进行项目材料核算、实施奖惩措施等全过程，有利于建立统一的企业内部材料供应机构的运行机制，进行材料供应的动态配置和平衡协调，有利于服务于各项目的材料需求，有利于工程项目的质量、进度、成本。

（二）项目经理部有部分的材料采购供应权

为了满足施工项目材料特殊需要，调动项目管理层的积极性，企业应给项目经理一定的材料采购权，负责采购供应计划外的材料、特殊材料和零星材料，做到两层互补，不留缺口。对企业材料部门的采购，项目管理层也应有建议权。这样，施工项目材料管理的主要任务便集中于提出材料需用量计划，与企业材料部门签订供料合同，控制材料使用，加强现场材料管理，落实材料节约措施，完工后组织材料结算与回收等。随着材料供应体制改革的不断深化，建筑材料市场的扩大和完善，项目经理部的材料采购供应权将越来越大。

### 二、施工项目现场材料管理

凡项目所需的各类材料，自进入施工现场至施工结束清理现场为止的全过程所进行的材料管理，均属于施工现场材料管理的范围。它包括：材料计划、材料供应、保管使用、监督，项目竣工后的材料清理、回收、盘点、核算等。现场材料管理是保证工程项目的质量、进度、合理使用材料、降低工程成本的重要环节。

（一）现场材料管理责任

施工项目经理是现场材料管理全面领导的责任者。施工项目经理部主管材料人员是施工现场材料管理直接责任人。班组料具员在主管材料员业务指导下，协助班组长组织和监督本班组合理领用、退料。现场材料人员应建立相应的材料管理岗位责任制。

（二）现场材料管理的内容

1. 材料计划管理

（1）项目在开工之前，项目经理部根据施工项目规划，编制各类材料需用量，计划向企业材料部门提出一次性计划，作为供应备料的依据。如，根据施工进度计划各部位所需用的材料数量、规格等要求，编制材料需用量计划。

(2) 根据施工图纸及施工进度计划,在加工周期允许的时间内提出加工制品计划,作为供应部门组织加工,向施工现场送货的依据。如,预制构配件、铁件等,均应按图纸上的要求提出加工计划。

(3) 根据施工平面图对现场设施的设计,按使用期提出施工设施用料计划,报供应部门作为送料的依据。

(4) 在施工中,根据工程变更及调整的施工预算,及时向企业材料部门提出调整供料月计划,作为动态供料的依据。由于项目本身动态过程而进行管理时,必定会引起工程变更情况,如建设单位提出某部位需要变更,这就导致原材料需用计划的变化,一般要办理签证手续,然后调整供料计划。

(5) 按月对材料计划的执行情况进行检查,不断改进材料供应。

2. 材料进场验收

材料进入施工现场时,必须要进行验收。材料验收既是施工项目现场材料管理的重要内容,又是保证工程量的完成,确保工程质量的首要条件。因此,在材料进入施工现场要根据进料计划、送料凭证、质量保证书或产品合格证,进行材料的品种、规格、型号、证件、质量、数量等验收。其中,最主要的是要把好质量和数量关,按验收工作的程序,即质量验收规范和计量检测规定进行。如钢材的质量验收一般着重于技术资料齐全、钢材标志、锈蚀程度三个方面。钢材的数量验收一般有两种方法,一种是理论计算,型钢按长乘横断面求得体积;钢板以长、宽、厚相乘求得体积,然后再乘以钢材的密度(一般按每立方米7.85吨计算)。另一种是过磅验收。又如,水泥的质量以出厂质保书为凭证,进场时要验看来单的水泥品种、标号与水泥袋上的标志是否一致,水泥出厂日期是否超过规定的时间,当两个以上品种同时到货时,应详细验看,分别堆放,防止混杂。水泥数量验收,袋装水泥采用车上或卸入仓库后点袋计数,同时进行抽检,以防袋装量不足而影响混凝土和砂浆强度,产生质量事故。散装水泥,可按随车磅码单计算重量,但注意卸车时车内水泥必须卸净。验收要做好记录,办理验收手续。对不符合计划要求或质量不合格的各种材料应拒绝验收。

3. 材料储存与保管

经过验收后的材料不可能一次全部用完,必须根据施工各阶段的用料特点,以及进场材料的不同性能、用途等特点,结合施工现场的自然环境条件,以现场材料进行科学地存储与保管。现场材料的存储与保管工作,是保证材料按质按量地供给施工生产的前提条件,也是降低工程材料成本的重要途径。施工现场几种主要材料的保管方法如下:

(1) 钢材的保管。现场钢材的保管,可按钢号、品种、规格、长度、批次分别堆放。露天堆放应采取上盖下垫,以防锈蚀,影响使用质量。

(2) 水泥的保管。现场的水泥应有专人保管。水泥是水硬性胶凝材料,具有时效性,要求在库内储存,储存期一般不得超过三个月。水泥应按品种、标号、出厂日期、进场批次等分别堆垛,先进先出,后进后出。保管水泥应注意防水防潮,仓库地坪一般应高于室外地面30cm,四周墙面要有防潮设施,层数一般为每垛10包,不宜太多。散装水泥应装入密封水泥罐,不同品种、标号水泥不得同罐混装。

(3) 木材的保管。木材应按材种、规格、新旧程度分别堆码。每垛层应留有通风空隙,分层交叉稀疏堆放,中间留有通道,以便收发管理。木材的保管要注意防火、防虫蛀、防霉烂、防爆晒干裂翘曲。

(4) 砖瓦砂石的保管。砖瓦砂石等大宗材料一般不受自然气候的影响,施工现场都采用露天堆放。这类材料的堆放要求场地平整夯实不塌陷。堆放时,应根据材质等级和规格。如砖按规格等级、颜色分别堆放,瓦应依次立放不能平放,砂石按粒径分别堆放,应尽量靠近搅拌机。

砂石料需用量大,施工现场不可能做到一次进料,应根据施工进度,作为材料分期分批进场,确保施工需要。

(5) 构配件的保管。

混凝土构件一般在制品厂生产,然后运到施工现场安装。这类构件体积大,重量大,且规格型号多。应按加工计划核对规格检查质量构件按吊装次序配套进场,堆放在起吊设备的旋转半径内。堆放不宜过高,以免倾倒。钢构件除按加工图纸检查验收外,应特别注意钢构件的配套小零件。配套小零件要包装好,与钢构件放在一起,另外要避免雨淋而锈蚀。木构件要按加工图纸验收,要求在棚内按规格分别堆放。木门窗与钢门窗要求平放时四周不能有翘角;立放时要尽量放正,以防挤压翘曲变形。

总之,材料通过验收入库。要建立台帐。现场的材料必须防火、防雨、防变质、防损坏、防盗窃。施工现场材料的放置要按施工平面图实施,做到位置正确、保管处置得当、合乎堆放保管制度。要日清、月结、定期盘点、帐实相符。

4. 材料使用管理

现场材料在使用过程中的管理,主要是定额用料与限额领料的管理。前者是按材料供应定额对在建工程实行定量供应。后者是在分部、分项工程中,以材料消耗施工定额对施工班组规定限额用料。施工队组实行限额领料,是现场材料管理工作的立足点,是实行经济核算、考核经营成果的依据。

(1) 限额领料制。分项工程限额领料是以分项工程为对象,根据施工进度安排下达施工任务单,以施工任务单为依据,用材料消耗施工定额对施工队组进行限额领发材料。在下达施工任务单的同时,下达材料限额领料单,规定限额用料。任务完成后结算用料,分析节超原因,以此考核完成情况,并为分部、单位工程核算打下基础。实行限额领料的依据有两条;一是准确的工程量。工程量按工程施工图纸计算,在正常情况下是一个确定的数量,但在实行施工过程中,工程量变更的情况时有发生,所以执行限额领料要高度重视对工程量的核对。二是正确的材料消耗施工定额。现场材料人员必须熟悉材料消耗施工定额。一般施工企业都有施工定额,在使用中只要对照规定的条件进行计算即可。另外,有些地区或企业没有施工定额,而用预算定额代替使用,则应正确确定调整系数。在使用定额时,必须认真分析具体情况,注意使用定额的准确性,定额不准确,就无法确定正确的材料限额。

(2) 限额领料的结算。实行限额领料的单位工程,在工程竣工后必须进行结算。先由施工队组织验收,评定质量,检查工完场清,验收合格后办理退料。以单位工程为对象的,按施工预算的各种材料定额耗用量与实际材料耗用量对比,以分部分项工程为对象的,按实际完成工程量和材料消耗施工定额计算出应消耗材料数量与班组实际材料耗用量对比,计算出材料的节约或超耗,提出分析资料,总结节、超原因,以提高定额管理水平。

总之,材料的使用必须建立领发料台帐,凭限额领料单领发材料,记录领发状况和节超情况。

5. 材料使用监督

现场材料管理责任者应对现场材料的使用进行分工监督。监督的内容包括：是否按材料作法合理用料，是否严格执行配合比，是否认真执行领发料手续，是否做到谁用谁清，即工完料退场地清，是否按规定进行用料交付和工序交接，是否做到按平面图堆料，是否按要求保管材料等。检查是监督的手段，检查要做到情况有记录、原因有分析，责任要明确、处理有结果。

6. 周转材料的现场管理

根据工程量以及施工方案编报周转材料需用计划。各种周转材料均应按规格分别堆放，阳面朝上，垛位见方。露天存放的周转材料应夯实场地，垫高30cm，有排水措施，按规定限制高度，垛间留有通道。零配件要装入容器保管。建立维修制度，按报废规定进行报废处理。

### 三、材料节约的技术组织措施

在工程项目管理中，就是要使定额规定的材料损耗率降低到最低程度。材料消耗量的控制和节约，对于降低项目成本具有重要意义。为此，应该从以下两个方面加以高度重视。一是重视基础性管理工作，即材料计划编制可靠、材料配置优化效果好、按计划保证供应、协调及时得力、认真制定并实施节约措施。二是运用科学管理的方法加强对材料存储优化。即确定重点控制材料的方法主要是ABC分类法。对品种少但资金占用量大的A类物资要尽可能压缩库存量，采用经济采购批量(订购费用和仓库费用之和最低时的库存量)。

总之，要大力探索节约材料的新途径，不但要研究材料节约的技术措施，更重要的是研究材料节约的组织措施。组织措施比技术措施见效快、效果大。因此，要特别重视施工规划(施工组织设计)对材料节约技术组织措施的设计，重视月度技术组织措施计划的编制和贯彻。

### 四、施工项目机械设备管理

(一) 施工机械设备管理优化的概念

机械设备是生产的手段。随着建筑工业化、机械化的发展，以机械施工代替繁重的体力劳动，机械设备的数量、种类、型号也在不断地增多，在施工中所起的作用也越来越大。因此，加强对施工机械设备管理优化工作日益重要。机械设备管理优化，就是按照优化的原则对施工机械设备进行选择评价、维护修理，更新改造和报废处理全过程的管理工作。这就要求，一方面要装备一批实用的、不受地点限制机动性强的先进的施工机械设备，以适应施工流动性的要求；另一方面要加强动态管理，在不断提高施工设备完好率，提高作业效率的基础上，围绕项目调集机械设备进行优化组合、合理搭配，提高机械设备的利用率，在动中求平衡、挖掘潜力，充分发挥机械化施工的效益。最后，还要正确处理好机械设备维修与更新的关系。尽可能按照机械的经济寿命进行更新，从而使机械设备的使用效益达到最大。

施工项目机械管理的任务，就是要正确选择和合理使用机械设备。搞好机械设备的维护、保养、检查和修理工作，适时及时地进行设备更新，健全机械设备管理制度等。

(二) 施工机械设备的选择

1. 选择原则

正确选择机械设备，是提高设备的经济效益的首要条件。机械设备选择应遵循切合需要、实际可能和经济合理的原则。

切合需要是选择机械设备的首要原则。不同工程项目有不同特点、不同的结构形式、不同的施工方法和进度要求。这样,不同的施工项目所要求的施工机械的种类、型号、数量也不同。机械的技术性能必须适合使用要求。否则,不是施工受影响,就是施工机械效率不能充分发挥,造成浪费等。此外,还必须考虑与主机配套的辅助机械的选择,使两者在数量及生产能力上彼此适应,使得各种机械设备的能力得到充分发挥。同时,也必须考虑一机多用。

实际可能是指机械选择必须从实际出发。施工机械设备应该是已有的或在一定时间内有条件取得的。如果在要求的时间内不能得到,尽管某种机械在各方面都非常理想,那也不可能作为一个供选择的方案。

经济合理就是指要求在所选的机械中,能以最小的代价换取最大的经济效果。因此,在选择机械时,应在满足技术要求并有可能取得的机械中作出多种可行的方案。然后再对它们进行经济比较。从中选出最优的方案以备采用。

2. 施工机械设备的选择

要遵循施工机械设备选择的原则,必须要根据工程条件和机械设备的技术条件,进行经济分析。在满足施工任务量和施工技术的前提下,最后作出经济性的选择。

施工机械设备选择的主要方法有:

(1) 单位工程量成本比较法。在进行选择时,考虑到机械设备本身的固定费用和实际操作时间中的变动费用等各种因素对成本的影响时,可采用计算"单位工程量成本"的方法。其计算公式为:

$$C_u = (F + VX)/X \cdot Q$$

式中　$C_u$——机械设备的单位工程量成本;

　　　$F$——一定时期机械设备的固定费用;

　　　$X$——机械设备实际操作时间;

　　　$V$——单位时间操作费;

　　　$Q$——单位操作时间的产量。

一般以单位工程量成本低的机具作为选择的对象。

【例1】 现有两种挖土机械均可满足施工需要,预计每月使用时间为160(h),经测算的有关经济资料数据见表7-1,试问应选择哪一种挖土机械?

挖土机的有关经济资料　　　　表7-1

| 机　种 | 月固定费用(元) | 每小时操作费(元) | 每小时产量(m³) |
|---|---|---|---|
| Ⅰ | 7400 | 32.8 | 47 |
| Ⅱ | 8600 | 29 | 52 |

【解】

$$C_{\text{I}} = \frac{7400 + 32.8 \times 160}{160 \times 47} = 1.68 \text{ 元}/\text{m}^3$$

$$C_{\text{II}} = \frac{8600 + 29 \times 160}{160 \times 52} = 1.59 \text{ 元}/\text{m}^3$$

显然Ⅱ机的单位工程量成本低于Ⅰ机,应当选用Ⅱ机。

(2) 界限时间就是两种机械设备单位工程量成本相等的时间。即:

$$\frac{R_a + P_a X_0}{Q_a X_0} = \frac{R_b + P_b X_0}{Q_b X_0}$$

求得：

$$X_0 = \frac{R_b Q_a - R_a Q_b}{P_a Q_b - P_b Q_a}$$

式中　$R_a$、$R_b$——Ⅰ、Ⅱ机械的固定费用；

　　　$Q_a$、$Q_b$——Ⅰ、Ⅱ机械单位时间产量；

　　　$P_a$、$P_b$——Ⅰ、Ⅱ机械的单位变动费用。

　　　$X_0$——界限使用时间。

假设两种机械的单位时间产量相等。此时

$$Q_a = Q_b \quad X_0 = \frac{R_b - R_a}{P_a - P_b}$$

此式可用图 7-1 表示。

从图 7-1 可以看出，当 $R_b - R_a > 0$，$P_b - P_a > 0$ 时，若使用时间小于 $X_0$，选用机械Ⅰ为佳；若使用时间大于 $X_0$，选用机械Ⅱ为佳。

【例 2】　求出例 1 的"界限使用时间"

$$X_0 = \frac{P_b Q_a - R_a Q_b}{P_a Q_b - P_b Q_a} = \frac{8600 \times 47 - 7400 \times 52}{32.8 \times 52 - 29 \times 47} = 56.6(h)$$

故当使用时间低于 56.6(h)，选用Ⅰ机械；当使用时间高于 56.6(h)，选用Ⅱ机械。

(3) 用折算费用法(等值成本法)比较选择。当机械在一项工程中使用时间较长，涉及到购置费时，在选择时往往考虑到机械的购置费(原值)。如果利用银行贷款，那么又涉及到利息，甚至复利计息。这时，可采用折算费用法进行计算，低者为优。

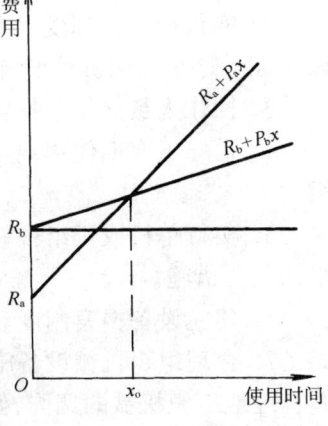

图 7-1　计算式图

所谓折算费用是预计机械使用时，按年或月推入成本的机械费用。这项费用涉及机械原值、残值、年使用费以及复利利息。计算公式：

年折算费用 =（原值 - 残值）× 资金回收系统 + 残值 × 利率 + 年度机械使用费

$$资金回收系数 = \frac{i(1+i)^n}{(1+i)^n - 1}$$

式中　$i$——复利率；

　　　$n$——计利期。

【例 3】　某施工企业拟建一项大工程项目，施工实施规划基本完成，现有的机械均不能满足需要。因此需要作出购置设备还是租赁设备的决策。现经测算有关资料如表 7-2。

自购与租赁设备费用资料　　　　　表 7-2

| 方案 | 一次投资(元) | 年使用费(元) | 使用年限 | 残值 | 年复利率(%) | 年租金(元) |
|---|---|---|---|---|---|---|
| 自购 | 250000 | 42000 | 10 | 20000 | 10 | |
| 租赁 | — | 26000 | — | — | — | 40000 |

**【解】** 自购机械设备的年折算费用计算如下：

$$自购设备年折算费用 = (250000 - 20000) \times \frac{0.10(1+0.10)^{10}}{(1+0.10)^{10} - 1} + 20000 \times 0.10 + 40000 = 79421(元)$$

年租金及使用费 = 26000 + 40000 = 66000(元)

计算结果表明，自购机械设备年折算费用比租赁机械的年支出费用要高出 13421(元)。即：(79421 - 66000)，故应租赁机械设备。

（三）施工机械设备的合理使用

机械设备必须合理地使用才能使其发挥正常的生产效率，降低使用费用。为此，必须做好以下几项工作：

1．人机固定，实行机械设备使用、保养责任制，将机械设备的使用效益与个人经济利益联系起来。

2．实行操作证制度。专机的专门操作人员必须经过培训和统一考试，确认合格，发给操作证。这是保证机械设备得到合理使用的必要条件。

3．操作人员必须坚持较好机械设备的例行保养。

4．遵守走合期使用规定。这样，可以防止机件早期磨损，延长机械使用寿命和修理周期。

5．实行单机或机组核算，根据考核的成绩实行奖惩，这也是一项提高机械设备管理水平的重要措施。

6．建立设备档案制度。这样就能了解设备的情况，便于使用与维修。

7：合理组织机械设备施工。必须加强维修管理、提高机械设备的完好率和单机效率，并合理地组织机械的调配，做好施工的计划工作。

8．培养机务队伍。采取办训练班，进行岗位练兵等形式，有计划、有步骤地做好培养和提高工作。

9．机械设备的综合利用。机械设备的综合利用是指现场安装的施工机械尽量做到一机多用。尤其是垂直运输机械，必须综合利用，使其效率得到充分发挥。

10．机械设备安全作业。项目经理部在机械作业前应向操作人员进行安全操作交底，使操作人员对施工要求、施工环境、气候等安全生产有清楚地了解。

（四）施工机械设备的保养与维修

1．机械设备的保养

机械设备保养目的是为了保持机械设备的良好技术状态，提高设备运转的可靠性和安全性，减少零件的磨损，延长使用寿命，降低消耗，提高机械施工的经济效益。保养分为例行保养和强制保养。例行保养属于正常使用管理工作，它不占用机械设备的运转时间，由操作人员在机械运转间隙进行。其主要内容是：保持机械的清洁，检查运转情况，防止机械腐蚀，按技术要求润滑等等。强制保养是按照一定周期和内容分级进行的。保养周期根据各类机械设备的磨损规律、作业条件、操作维护水平及经济性四个主要因素确定。

2．机械设备的修理

机械设备的修理，是对机械设备的自然损耗进行修复，排除机械运行的故障，对损坏的零部件进行更换、修复,对机械设备的预检和修理。这样,可以保证机械的使用效率,延长使用寿命。

机械设备的修理可分为大修、中修和零星小修。

大修是对机械设备进行全面的解体检查修理,保证各零部件质量和配合要求,使其达到良好的技术状态,恢复可靠性和精度等工作性能以延长机械的使用寿命。

中修是大修间隔期间对少数总成进行大修的一次性平衡修理,对其他不进行大修的总成只执行检查保养。中修的目的是对不能继续使用的部分总成进行大修,使用整机状况达到平衡,以延长机械设备的大修间隔。

零星小修一般是临时安排的修理,其目的是消除操作人员无力排除的突然故障、个别零件损坏,或一般事故性损坏等问题,一般都是和保养相结合,不列入修理计划之中。而大修中修需要列入修理计划,并按计划预检修制度执行。

## 第四节 施工项目资金管理

工程项目的资金管理,直接关系到施工项目任务的实施效果。综合体现在项目资金的收入、支出、筹措、收支对比以及使用管理等等。

**一、施工项目资金收入与支出的预测及对比**

(一) 施工项目资金的收入预测

项目资金收入是按合同价款收取的,在实施工程项目合同的过程中,从收取工程预付款(预付款在施工后以冲抵工程价款方式逐步扣还给建设单位)开始,每月按进度收取工程进度款,直到最终竣工结算,按时间测算出价款数额,做出项目收入预测表,绘出项目资金按月收入图及项目资金按月累加收入图。

资金收入测算工作应注意以下几个问题:

1. 由于资金测算工作是一项综合性工作。因此,要在项目经理主持下,由职能人员参加共同分工负责完成。

2. 加强施工管理,确保按合同工期要求完成免受延误工期罚款造成经济损失。

3. 严格按合同规定的结算办法测算每月实际应收的工程进度款数额,同时要注意收款滞后时间因素,即按当月完成的工程量计算应取的工程进度款,不一定能按时收取,但应力争缩短滞后时间。

按上述原则测算的收入,形成了资金的收入在时间上、数量上的总体概念,为项目筹措资金,加快资金周转,合理安排资金使用提供科学依据。

(二) 施工项目资金支出预测

1. 项目资金支出预测的依据

(1) 成本费用控制计划;

(2) 项目施工规划;

(3) 各类材料、物资储备计划。

根据以上依据、测算出随着工程的实施,每月预计的人工费、材料费、施工机械使用费、物资储运费、临时设施费、其他直接费和施工管理费等各项支出。使整个项目的支出在时间上和数量上有一个总体概念,以满足资金管理上的需要。

2. 项目资金支出预测程序

如图 7-2 所示。

3. 项目资金支出预测应注意的问题

(1) 从实际出发,使资金支出预测更符合实际情况。资金支出预测,在投标报价中就已开始做了,但不够具体。因此,要根据项目实际情况,将原报价中估计的不确定因素加以调整,使之符合实际。

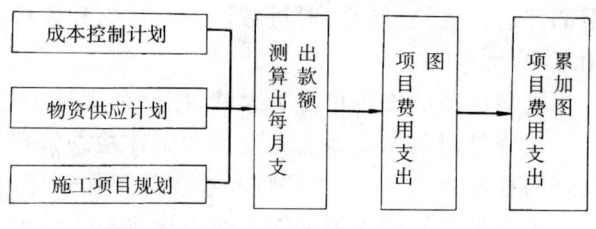

图 7-2 项目费用支出预测程序图

(2) 必须重视资金的支出时间价值。资金支出的测算是从筹措资金和合理安排调度资金角度考虑的,一定要反映出资金支出的时间价值。以及合同实施过程中不同阶段的资金需要。

(三) 资金收入与支出对比

如图 7-3 所示。

将施工项目资金收入预测累计结果和支出预测累计结果绘制在一个坐标图上。图中曲线 A 是施工计划曲线,曲线 B 是资金预计支出曲线,曲线 C 是预计资金收入曲线。B、C 曲线之间的距离是相应时间收入与支出资金数之差,也就是应筹措的资金。图中 a、b 间的距离是本施工项目应筹措资金的最大值。

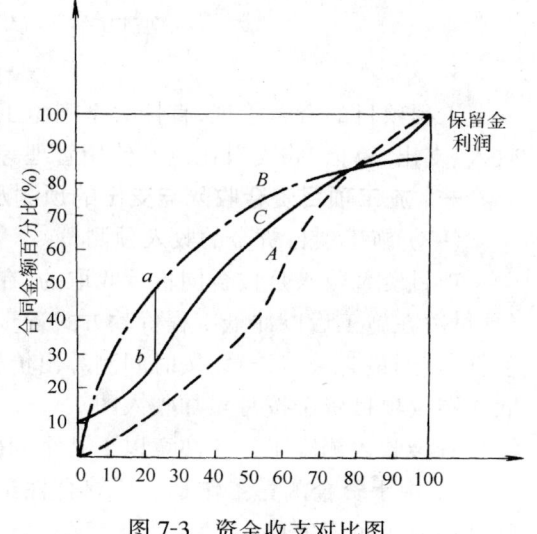

图 7-3 资金收支对比图

二、施工项目资金的筹措

(一) 项目资金来源

为项目筹集资金,可以通过多种不同的渠道,采用多种不同的方式,我国现行的项目资金来源主要有:

1. 财政资金。包括财政无偿拨款和拨改贷资金;

2. 银行信贷资金。包括基本建设贷款、技术改造贷款、流动资金贷款和其他贷款等;

3. 发行国家投资债券、建设债券、专项建设债券以及地方债券等;

4. 在资金暂时不足的情况下,还可以采用租赁的方式解决;

5. 企业资金。主要是企业自有资金、集资资金(发行股票及企业债券)和向产品用户集资;

6. 利用外资。包括利用外国直接投资,进行合资、合作建设以及利用外国贷款。

(二) 施工过程所需要的资金来源

施工过程所需要的资金来源,一般是在承发包合同条件中规定的,由发包方提供工程备料款和分期结算工程款提供。资金来源:预收工程备料款、已完施工价款结算、内部银行贷款、其他项目资金的调剂等。

(三) 筹措资金的原则

1. 充分利用自有资金。其优点是:调度灵活,不必支付利息,比贷款的保证性强;

2. 必须在经过收支对比后,按差额筹措资金,避免造成浪费;
3. 把利息的高低作为选择资金来源的主要标准,尽量利用低利率贷款。

### 三、施工项目资金管理

施工项目资金管理采用集中监控和以项目为对象的动态管理模式。所谓集中监控,就是由企业内部银行统一管理项目资金,项目经理部应在内部银行中申请开设独立帐户,反映项目资金收、支、余运行的动态状况。月末与项目对帐,确保帐帐相符。凡业主要求在其他银行开设帐户的,统一由内部银行出面开设帐户,不允许项目在外独立开户。

企业内部银行既引入银行的有偿使用资金的融资机制,又具有内部资金管理、监督的职能。对所有在外支付的款项进行监督审核,确保结算的合法性,避免差错的发生。

如果项目资金遇到紧缺情况,可按规定向内部银行申请贷款,但必须办理审批手续,经管理部门审核,公司主管生产经理和总会计师(特殊情况由总经理)批准。贷款需要承担利息,一般为三个月、六个月、一年。贷款利息一般高于国家规定的利率。这样做主要是起促进项目经理部向业主收取工程款的作用。

项目经理部应按月编制资金收支计划,企业工程部签订供款合同,公司总会计师批准,内部银行监督实施,月末提出执行情况分析报告。

建设单位所交"三材"和设备,是项目资金的重要组成部分。项目经理部应设置台帐,根据收料凭证及时登记入帐,按月分析耗用情况,反映"三材"收入及耗用动态。定期与交料单位核对,保证数据资料完整、正确,为及时做好竣工结算创造条件。

## 第五节 施工项目技术管理

### 一、施工项目技术管理的任务和内容

施工项目技术管理的基本任务是:正确贯彻执行国家的技术政策和上级有关技术工作的文件;科学地组织各项技术工作,建立良好技术秩序;充分发挥技术人员和技术装备的作用;采用先进的技术,保证工程质量,缩短施工工期,降低项目成本。施工项目技术管理的内容包括"各项技术活动过程"和"技术工作的各种要素"构成了技术管理的对象。

(一) 各项技术活动过程

1. 图纸会审、编制项目施工规划、技术交底、技术检验等施工技术准备工作;
2. 质量技术检查、技术核定、技术措施、技术处理、技术标准和技术规程、规范的实施等,施工过程中的技术工作;
3. 科学研究、技术改造、技术革新、技术培训、新技术的试验等技术开发工作;

(二) 技术工作的各种要素

具体内容包括:技术人才、技术装备、技术情报、技术文件、技术资料、技术档案、技术标准规程、技术责任制等,它们都属于技术管理的基础工作。

### 二、施工项目的主要技术管理制度

(一) 图纸学习和会审制度

制定、执行图纸会审制度的目的是领会设计意图,明确技术要求,发现设计文件中的差错与问题,提出修改与洽商意见,避免技术事故或产生经济与质量问题。

(二) 项目施工规划管理制度

按企业的施工规划管理制度制定施工项目的实施细则,着重于单位工程施工规划以及分部分项工程施工方案的编制与实施。

（三）施工项目的技术交底制度

施工项目技术系统一方面要接受企业技术负责人的技术交底,另一方面又要在项目内进行层层交底,形成制度,以保证技术责任制的落实。技术管理体系正常运转,技术工作按标准和要求运行。

（四）施工项目材料、设备检验制度

材料、设备的检验制度的宗旨是保证项目所用的材料、构配件和设备的质量,以制度机制的约束,来达到保证工程质量的目的。

（五）工程质量检查及验收制度

制定工程质量检查验收制度的目的是为了强化项目施工质量的控制,避免质量差错所造成的永久隐患,并为质量等级评定提供数据和情况,为工程项目积累技术资料和档案。工程项目质量检查验收制度包括工程预检制度、工程隐检制度、工程阶段验收制度、单位工程竣工检查验收制度、分部分项工程交接检查验收制度等。

（六）工程项目施工技术资料管理制度

施工技术资料是施工单位根据有关管理规定,在施工过程中形成的应当归档保存的各种图纸、表格、文字、音像材料等技术文件材料的总称,是工程项目施工及竣工交付使用的必备条件,也是对工程项目进行检查、维护、管理、使用、改建和扩建的依据。制订该制度的目的是为了加强对项目施工技术资料的统一管理,提高工程质量的管理水平,它必须贯彻国家和地区有关技术标准、技术规程和技术规定,以及企业的有关技术管理制度。

（七）技术组织措施计划制度

制定技术组织措施计划制度的目的是为了克服施工中的薄弱环节,挖掘生产潜力,加强其计划性、预测性,从而保证完成施工任务,获得良好技术经济效果和提高技术管理水平。

（八）其他技术管理制度

除以上几项主要的技术管理制度外,施工项目经理部还必须根据需要,制定其他技术管理制度,保证有关技术工作正常运行。如土建与水电专业施工协作技术规定、工程测量管理办法、技术革新和合理化建议管理办法、计量管理办法、环境保护工作办法、工程质量奖罚办法、技术发明奖励办法等等。

**三、施工项目的主要技术管理工作**

根据技术标准、技术规程、建筑企业的技术管理制度以及施工项目经理部制订的技术管理制度,施工项目组织应做好以下技术业务工作。

（一）设计文件的学习和图纸会审

图纸会审是施工单位熟悉、审查设计图纸,了解工程项目特点,明确技术要求以及设计意图和关键部位的工程质量要求,帮助设计单位减少差错的重要手段。同时也是施工单位进行质量控制的一种重要而有效的方法。图纸会审是在工程开工之前,由建设单位(或监理单位)主持,先由设计单位主设人介绍设计意图和图纸以及对施工的要求等,然后由施工单位技术负责人提出图纸中所存在的问题,通过三方讨论和协商解决存在的问题并写出会议纪要。图纸会审的要点是:

1. 设计图纸与说明是否齐全,有无分期供图的时间表。

2．设计中的地质勘探资料是否齐全。如果没有工程地质资料或无其他地基资料,应与设计单位商讨。

3．总平面与施工图的几何尺寸、平面位置、标高等是否一致。

4．建筑结构与各专业图纸本身是否有差错及矛盾;结构图与建筑图的平面尺寸及标高是否一致;建筑图与结构图的表示方法是否清楚,是否有钢筋明细表,如无,则钢筋混凝土中钢筋构造要求在图中是否说明清楚,如钢筋锚固长度与抗震要求是否相符。

5．地基处理方法是否合理。建筑结构、安装之间有无矛盾,是否会导致质量、安全或经费等方面的问题。

6．标准图与设计图有无矛盾。

7．设计假定与施工现场实际情况是否相符。

8．施工安全是否有保证。

(二)施工项目技术交底

技术交底的目的是使参与施工的人员对工程项目及其技术要求做到心中有数,以便科学地组织施工和按合理工序、工艺进行作业。要做好技术交底工作,必须明确技术交底的内容,并搞好技术交底的分工。

1．技术交底的内容

(1)图纸交底。目的是使施工人员了解施工工程项目的设计特点,要求、功能等,以便掌握设计关键,认真按图施工。

(2)项目施工规划交底。要将项目施工规划的全部内容向施工人员讲解,以便掌握工程施工特点、施工部署、任务划分、施工方案、施工进度、平面布置、各项技术组织措施等等,用先进的技术手段和科学的组织手段完成施工任务。

(3)分部分项工程技术交底。主要包括施工工艺、技术安全措施、规范要求、质量标准,新结构、新工艺、新材料工程的特殊要求。

(4)设计变更和洽商交底。将设计变更的结果向施工人员和管理人员作统一的说明,便于统一口径,避免差错,算清经济帐。

2．技术交底的分工

技术交底是一项技术性很强的工作,对保证工程质量至关重要,它必须满足施工规范、规程、工艺标准、质量检验评定标准和建设单位的合理要求。技术交底必须以书面形式进行,经过审核,有签发人、审核人、接受人的签字。整个工程施工、各分部分项工程,均必须作技术交底。特殊和隐蔽工程,更应认真作技术交底。在交底时应着重强调易发生质量事故与工伤事故的工程部位,防止各种事故的发生。

技术交底应分级进行。重点工程、大型工程和技术复杂的工程,由建筑企业总工程师组织有关部门向工程管理部和有关施工单位交底,主要依据为公司编制的施工总体规划。

凡由工程管理部编制的中小型工程施工规划,由工程管理部工程师向下属有关职能人员及施工项目技术负责人交底。

施工项目的技术负责人向工长、班组长进行交底,要求细致、齐全、要结合具体部位,贯彻落实上级技术领导的要求,关键部的质量要求,操作要点及注意事项等。工长、班组长接受交底后,应反复、细致地向操作班组进行交底,除口头和书面交底外,必要时要用示范操作、样板方法进行交底。

### (三) 隐蔽工程检查与验收

隐蔽工程是指本工序完成后将被下道工序所掩埋而无法再检查的工程项目。隐蔽工程项目在隐蔽前应进行严密检查,作出记录,办理验收手续,不得后补。有问题需复验的,必须办理复验手续,并由复验人作出结论,填写复验日期。如钢筋混凝土中的钢筋,钢筋的品种、规格、数量、位置锚固或接头位置长度等,基础工程中的地基土质,地基处理和基础尺寸、标高等。

### (四) 技术复核

技术复核又称施工预检,是指在施工项目或分项工程在未施工前所对重要部位的施工进行预先检查与复核,依据有关标准和设计要求进行的复查,核对工作。其目的是为了避免或防止可能发生的重大差错,除施工单位自身进行预检外,监理单位应对预检工作进行监督并予以审核认证。预检复核时要做好记录。其内容有:建筑物定位(现场标准水准点、坐标点、重点工程应有测量记录等);基础及设备基础(轴线、断面尺寸、标高、坡度等);模板(尺寸、位置、标高、预埋件和预留孔位置、牢固程度、模板清理、脱膜剂涂刷、止水要求等);楼层及砖砌体(各层墙柱轴线、边线、墙身轴线皮楼杆、砂浆配合比等);钢筋混凝土(现浇混凝土的配合比、水泥品种、标号、预制构件的位置、标高、钢筋搭接长度、焊接等)。

### (五) 项目施工规划工作

项目施工规划是一项重要的技术管理工作,也是实现项目基本目标的重要管理工作。这一部分参见本教材第五章有关内容。

## 复习思考题

1. 施工项目生产要素的内容有哪些?
2. 什么是劳动力动态管理?
3. 施工现场材料管理的内容有哪些?
4. 施工项目的资金来源渠道有哪些?
5. 简述施工项目资金管理。
6. 施工项目技术管理的基本任务是什么?
7. 施工项目技术管理的内容有哪些?
8. 施工项目技术交底的内容有哪些?

# 第八章 建 设 监 理

工程项目建设监理,国外统称为工程咨询,是国际上普遍实行的工程建设项目监督管理制度。它能使投资、进度、质量三大目标得到有效的控制,保证和提高工程建设水平,节省建设资金,提高投资效益。

随着我国改革开放进程的加快与深化,工程建设监理与国际惯例接轨已是必然趋势。实行建设监理工作制度,是我国建设领域的一项重要改革措施,既符合国际惯例,又利于提高工程项目的投资效益和建设水平,确保国家建设计划和工程合同的实施,逐步建立建设领域社会主义市场经济的新秩序。

## 第一节 建设监理概述

### 一、建设监理的概念

建设监理是指建设主管部门和被授权单位,依据国家的法律、法规和有关政策,对工程建设参与者的建设行为所进行的监控、督导和评价,采取相应监控措施,保证其建设行为的合法性、合理性、科学性和经济性,制止其行为的随意性和盲目性,确保工程建设投资、进度和质量目标顺利实现,它是调整工程建设行为的最佳约束机制。

在我国实行建设监理的重要意义在于:

(一) 实行建设监理是发展生产力的需要

改革开放以来,我国的经济体制逐步地向市场经济转换,建设领域发生很大变化。投资由国家单一化向多元化转变,任务分配由纯计划性向竞争性转变,投资规模不断扩大,技术要求越来越复杂,管理要求越来越高,建筑市场逐步形成。生产力的发展证明,原来的管理体制再不改变,便会阻碍生产力的发展。以下的几个问题反映了建设领域的改革需要:一是以什么方式解决临时筹建班子和指挥部存在的问题;二是用什么方式使建设单位的工作能够适应现代化生产和管理对知识和经验的需求;三是用什么方式来代替传统的行政管理手段;四是以什么方式解决新形势下产生的建设随意性和纠纷的大量产生。要解决这些问题,必须参照国际惯例,实行建设监理。

实行建设监理制度,可以用专业化、社会化的监理队伍代替小生产管理方式,可以加强建设的组织协调,强化合同管理监督,公正地调解权益纠纷,控制工程质量、工期和造价,提高投资效益。监理单位可以以第三者的身份改变政府单纯用行政命令管理建设的方式,加强立法和对工程合同的监督,可以充分发挥法律、经济、行政和技术手段的协调约束作用,抑制建设的随意性,抑制纠纷增多,还可以与国际通行的监理体制相沟通。这样改革和建立新的生产关系,促进生产力的发展。

(二) 实行监理制度,是对外开放、加强国际合作与国际惯例接轨的需要

改革开放以来,我国大量引进外资进行建设。三资工程一般按国际惯例实行建设监理

制度。在国外承包工程,也要实行监理制度。我国实行建设监理制度,不但是必须的,而且是紧迫的,是我国置身国际工程承包市场之中的一项不可缺少的举措。推行建设监理制度以来,借鉴国际惯例,改善了我国投资环境,吸引了更多的外资,进一步推动改革的深化。

## 二、建设监理的主要方式

建设监理是以工程建设活动为对象,以国家政令,法规、技术标准和工程合同为依据,以规范工程建设行为,提高建设效益为目的。它包括两个层次:宏观层次指政府建设监理、微观层次指社会建设监理。两者相辅相成,缺一不可,共同构成我国建设监理的完整系统。本章节主要介绍的是社会建设监理的一般知识。

(一)政府建设监理的概念、特点和职责

1．政府建设监理的概念

政府建设监理是指政府建设主管部门,对建设工程实施的强制性监理和对社会监理单位实施的监督管理。政府监理对工程建设活动覆盖两个阶段,即建设项目决策阶段和工程建设实施阶段。两个阶段分别由计划部门和建设部门实施监理。

2．政府建设监理的特点

(1)宏观性。政府建设监理虽然全面,但其深度并达不到直接参与日常活动监理的细节,而只限于以维护公共利益、保证建设行为规范性和保障建设参与各方合法权益的宏观管理。

(2)全面性。政府建设监理既包含对全社会各种工程建设的参与人,即建设单位、设计、施工和供应单位及它们的行为监理;又贯穿于从建设立项设计、施工、竣工验收直到交付使用全过程中的每一阶段的监理。因而政府建设监理的对象范围和内容都是全面的。

(3)强制性与执法性。政府有关机关代表社会公共利益对建设参与者及建设过程所实施的监督管理是强制性的,被监理者必须接受。而政府强制性监理的依据是国家的法律、法规、方针、政策和国家或其授权机构颁布的技术规范、规程与标准,通过监督、检查、许可、纠正、禁止等方式来强制执行实施,因此,它又是执法性的。

3．政府建设监理的职责

(1)建设部建设监理部门主要职责

1)起草或制定建设监理法规,并组织实施;

2)制定社会建设监理单位和监理工程师资质标准和审批管理办法,并组织实施;

3)审批甲级社会建设监理单位资质,并颁发资质等级证书;

4)指导和管理全国工程建设监理工作;

5)参与大型工程项目建设的竣工验收。

(2)省、自治区、直辖市建设监理部门主要职责

1)贯彻执行建设监理法规,起草或制定建设监理实施办法或细则,并组织实施;

2)组织监理工程师资质考核,并颁发资质证书,审批本辖区内社会建设监理单位资质;

3)指导和管理本行政区内工程建设监理工作;

4)根据同级人民政府规定,组织或参与工程项目建设的竣工验收工作。

(3)国务院有关部门建设监理的主要职责

1）贯彻执行建设监理法规,根据需要制定本部门建设监理实施办法,并组织实施；

2）组织本部门监理工程师的资质考核,并颁发资质证书,审批由本部门管理的社会监理单位资质；

3）指导和管理本部门工程建设监理工作；

4）组织或参与本部门大中型工程项目建设的竣工验收工作。

(4) 市和县人民政府建设主管部门建设监理职责。考虑到各地情况不同,暂不作统一规定,而由省、自治区和直辖市人民政府,根据本地区实际情况作出具体规定。

(二) 社会建设监理的概念、特点和任务

1. 社会建设监理的概念

社会建设监理是指社会建设监理单位接受建设单位委托,对其工程项目建设过程实施的监理。

社会建设监理单位是专门从事工程建设监理业务的工程建设监理公司或监理事务所,以及兼承工程建设监理业务的工程咨询单位、工程设计单位和科学研究单位。它必须依照规定程序、条件和要求,经过合法的手续,取得营业执照,即可从事工程监理业务。

2. 社会建设监理的特点

(1) 服务性。社会监理单位是知识密集型的高智能服务性组织,以自己的科学知识和专业经验为建设单位提供工程建设监理服务。

(2) 公正性和独立性。社会监理单位在工程建设监理中具有组织有关各方协作、配合的职能。同时,是合同管理的主要承担者,具有调解有关各方之间权益矛盾,维护合同双方合法权益的职能。为使这些职能得以实施,它必须坚持其公正性,而为了保护其公正性,又必须在人事上和经济上保持独立,以独立性为公正性的前提。

(3) 科学性。科学性是社会建设监理单位区别于其他一般性服务机构的重要特征。因为它是智力密集型的服务机构,拥有高素质的监理人员。监理工程师必须具有相当的学历,有长期从事工程建设工作的丰富经验,通晓相关的技术、经济、管理和法律,经权威机构考核合格并在政府建设主管部门登记注册、发给证书,才能取得从事监理业务的合法资格。

3. 社会建设监理的任务

(1) 投资控制。投资控制的任务,主要是在建设前期进行可行性研究,协助业主正确地进行投资决策,控制好估计投资总额。在设计阶段对设计方案、设计标准、总概算和概(预)算进行审查。在建设准备阶段协助确定标底和合同造价。在施工阶段审核设计变更,核实已完工程量,进行工程进度款签证和控制索赔。在工程竣工阶段审核工程结算。

(2) 工期控制。工期控制首先要在建设前期通过周密分析研究确定合理的工期目标,并在施工前将工期要求纳入承包合同。在建设实施中通过运筹学、网络计划技术等科学手段,审查修改施工规划和进度计划,并在计划实施中进行跟踪,做好协调与监督,使单项工程及其阶段目标工期逐步实现,最终保证项目建设总工期的实现。

(3) 质量控制。质量控制要贯穿于项目建设的始终,即可行性研究、设计、建设准备、施工、竣工及用后维修等全过程,主要包括组织设计方案竞赛与评比,进行设计方案磋商及图纸审核,控制设计变更。在施工前通过审查承包人资质,检查建筑物所用材料、构配件及设备质量和审查施工规划等实施质量预控。在施工中通过重要技术复核,工序操作检查,隐蔽工程验收和工序成果检查认证监督标准、规范的贯彻,以及通过阶段验收和竣工验收把好质量关等等。

(4) 合同管理。合同管理是进行投资控制、工期控制和质量控制的手段。因为合同是监理单位站在公正立场采取各种控制、协调与监督措施,履行纠纷调解职责的依据,也是实施三大目标控制的出发点和归宿。

### 三、社会建设监理业务工作的内容

我国建设监理有关文件规定了社会建设监理在建设各阶段的主要业务内容如下:

(一) 建设前期阶段

(1) 进行建设项目的可行性研究;
(2) 参与设计任务书的编制。

(二) 设计阶段

(1) 提出设计要求,组织评选设计方案;
(2) 协助选择勘察、设计单位、商签勘察、设计合同并组织实施;
(3) 审查设计和概(预)算。

(三) 施工招标阶段

(1) 准备与发送招标文件,协助评审投标书,提出决标意见;
(2) 协助建设单位与承建单位签订承包合同。

(四) 施工阶段

(1) 协助建设单位与承建单位编写开工报告;
(2) 确认承建单位选择的分包单位;
(3) 审查承建单位提出的施工规划、施工技术方案和施工进度计划,提出改进意见;
(4) 审查承建单位提出的材料和设备清单及其所列的规格与质量;
(5) 督促、检查承建单位严格执行工程承包合同和工程技术标准;
(6) 调解建设单位与承建单位之间的争议;
(7) 检查工程使用的材料、构件和设备的质量,检查安全防护设施;
(8) 检查工程进度和施工质量,验收分部分项工程,签署工程付款凭证;
(9) 督促整理合同文件和技术档案资料;
(10) 组织设计单位和施工单位进行工程竣工初步验收,提出竣工验收报告;
(11) 审查工程结算。

(五) 保修阶段

负责检查工程状况,鉴定质量问题责任督促保修。

目前,我国社会监理单位大多数是参与工程施工阶段的建设监理工作。在施工阶段,对施工项目的监理,运用合同管理、信息管理、组织协调等手段进行"三大控制。"即质量、工期、投资控制。

### 四、社会建设监理的组织机构与人员构成

在我国的社会建设监理单位目前可以是独立的工程建设监理公司也可以是设计、科研工程咨询单位兼营监理业务的部分,但设计单位一般不允许承担由自己设计的工程的监理业务。监理单位组织机构的确定根据我国有关社会建设监理单位的实践经验,结合工程规模大小及其它情况而定。

(一) 社会建设监理的组织机构

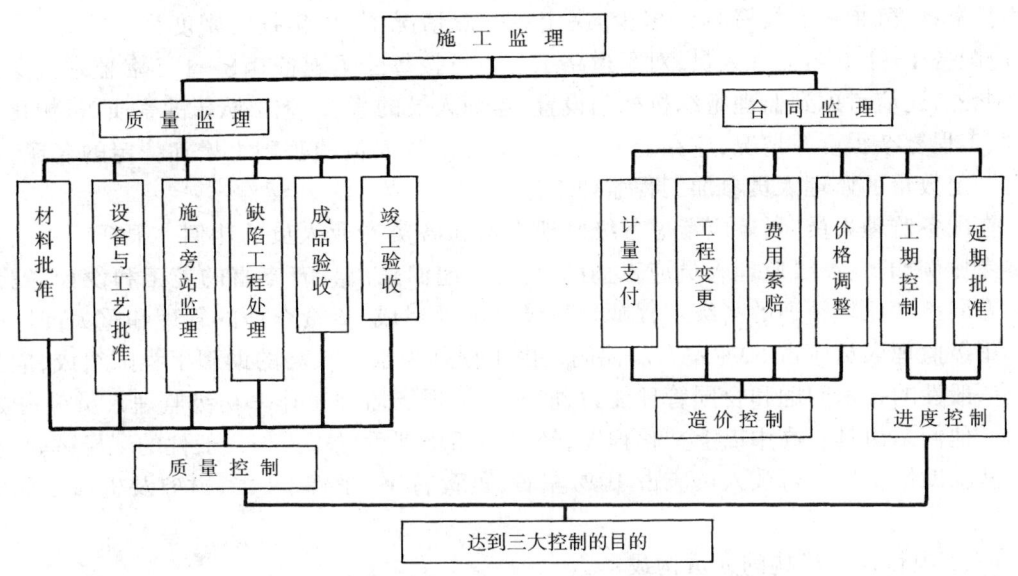

图 8-1 施工阶段监理内容图解之一

对于工程规模较小，行政管理简单的工程，可采用二级监理组织机构，如图 8-2 所示。

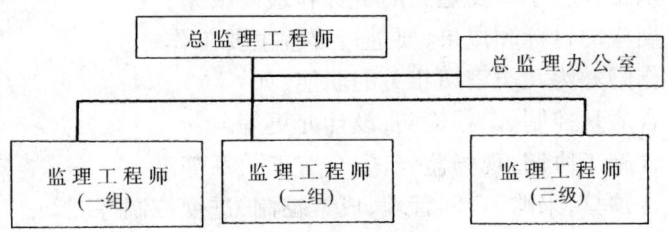

图 8-2 二级监理组织机构

对于工程规模较大，特别是工程范围涉及行政区较大时，可采用三级监理组织机构，如图 8-3 所示。

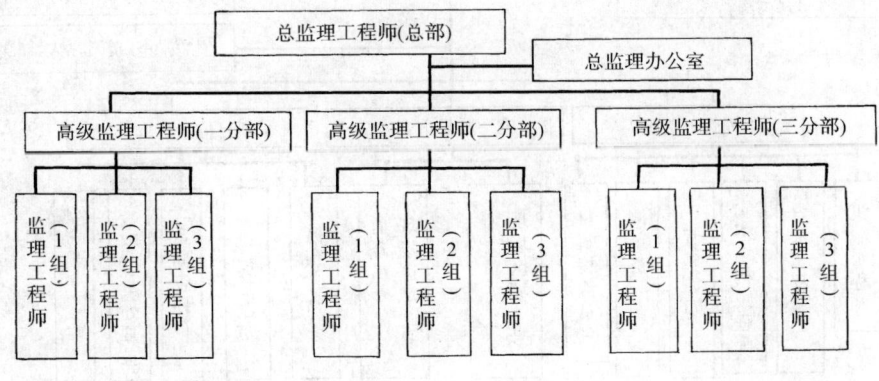

图 8-3 三级监理组织机构

(二) 社会建设监理机构的人员构成

根据有关社会建设监理公司的实践经验，监理人员的构成主要依据工程的复杂程度和工程投资密度(指每年投资额的多少)决定。一般情况下,每年投资密度为一百万元(人民币)应配备1~1.5名监理人员,对于道路工程也可按每公里配备0.8~1.5名监理人员。

此外,还应考虑到监理组织机构的设置、监理人员的素质、施工队伍的素质、机械化施工程度、工程复杂程度等情况,应在上述按投资密度配备人员的基础上增加一定的名额,以保证有一定数量的监理人员参加工程监理工作。

在配备监理人员时,还应考虑各级监理人员和各类专业人员的比例。根据工程实际情况参考比例如下:高级监理人员应占10%左右。他们是由具有丰富的施工和设计经验,而且对合同条件比较精通的高级工程师和高级经济师组成,负责全面的管理和重大问题的决策。中级监理人员应占60%左右。他们是由工程师和水平较高的助理工程师组成,应具有解决一般性的技术问题和合同管理能力,能够承担现场监理工作。初级监理人员应占20%左右。他们是由具有高中以上文化程度,经过短期培训后可以承担一般性的现场试验、测量或一些辅助性工作。行政人员应占10%左右,负责打字、录像、文档、财务及生活方面的管理。

(三)项目监理机构的人员构成

项目监理机构,实质上是建立一个健全的现场监理工作班子,建立该班子的一般步骤可概括如下:

(1)明确建立该工作班子所要达到的目标和最终成果;

(2)为达到所期望的目标和成果,要进行哪些主要工作;

(3)将所有工作归并为几类密切相关的职能;如:

1)工程管理:含质量控制、工程检测,设计变更等。

2)施工监督:含施工协调,现场监督,安全劳工关系等。

3)项目控制:含预算,采购,合同管理,成本控制,进度控制等。

(4)将各大职能部门系统地综合成为一个健全而简单的组织机构。

(5)为各项工作配备人员,如图8-4所示。

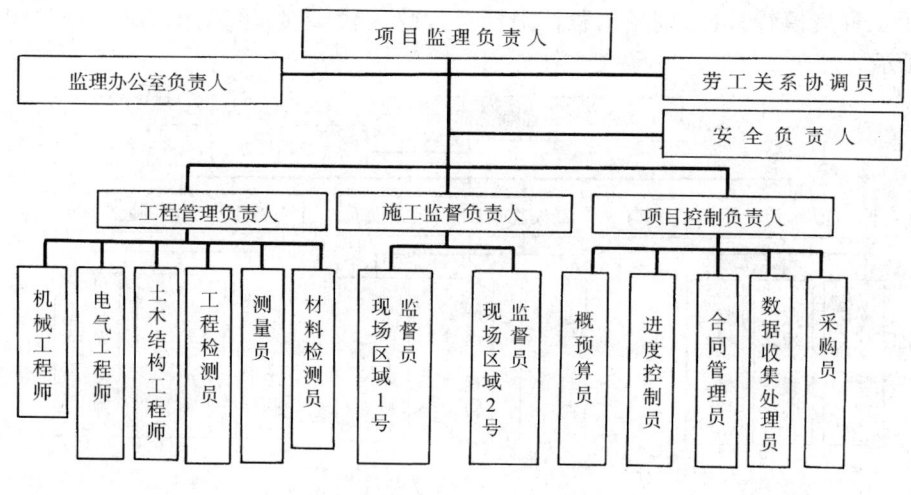

图8-4 监理机构人员配备

(6)详细说明有关人员或有关部门的职责,授予履行职责人员相应的权力,建立各类人员工作评价标准,建立监理工作流程及信息流程。

根据有关项目监理的经验,项目监理机构与人员构成应贯彻少而精的原则,避免机构庞大,效率低。

【例】 单项工程现场监理机构人员构成,如某监理公司在一幢 28 层,建筑面积 30000m² 的商、住、写字楼监理中,其监理机构与人员构成如图 8-5 所示。

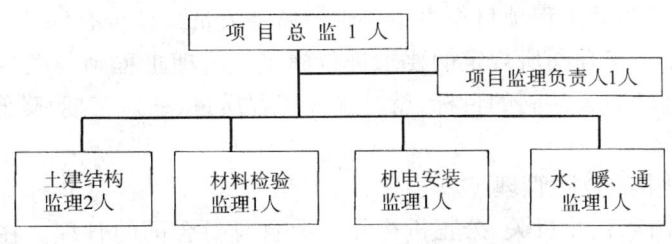

图 8-5 现场监理机构实例

### 五、监理工程师的资质与素质

监理工程师是具有专业特长的工程项目管理专家。我国的监理工程师是岗位职务,不是专业技术职称。监理工程师分为建筑、建筑结构、工程测量、工程地质、给水排水、采暖通风、电气、通讯、城市燃气、工程机械及设备安装、焊接工艺、建筑经济等岗位。

#### (一) 监理工程师的资质

我国对监理工程师将实行注册制度。申请监理工程师注册,必须先通过监理工程师岗位资格培训,按受经济、管理、法律、监理业务知识等教育,并取得合格证书,同时还必须具备下列条件:

获得高级建筑师、高级工程师、高级经济师等任职资格或获得建筑师、工程师、经济师等任职资格后具有 3 年以上工程设计或施工实践经验,然后经全国监理工程师资格统一考试或考核合格,并通过注册对申请者的素质和岗位责任能力进一步全面考查,考查合格者,政府注册机关才能批准注册。

#### (二) 监理工程师的素质

对监理工程师的素质要求比一般工程师高,在国际上视为高智能人才。其素质由下列要素构成:

(1) 要有良好的品质。包括:热爱祖国、热爱人民、热爱建设事业、具有科学态度和综合分析能力、具有廉洁奉公,办事公道的高尚情操、具有良好的性格,善于同各方面合作共事。

(2) 要有较深厚的理论知识基础。因为现代工程建设投资规模大,要求功能兼备,应用科技门类复杂,如果没有深厚的现代科技理论知识、经济管理理论知识和法律知识作基础,是不可能胜任其监理岗位工作的。

(3) 要有丰富的工程实践经验。据研究表明,一些工程建设中的失误,常与实践者的经验不足有关。所以世界各国都把工程实践经验放在重要地位。英国咨询工程师协会规定,入会的会员年龄必须在 38 岁以上,新加坡要求工程结构方面的监理工程师,必须具有 8 年以上的工程结构设计经验。我国在监理工程师注册制度中作出类似的规定也是必要的。

(4) 要有健康的体魄和充沛的精力。这是由于监理工作现场性强、流动性大、工作条件差、任务繁忙所决定的。

## 第二节　施工阶段的建设监理业务与施工项目管理

### 一、施工阶段的监理与项目管理

施工阶段的监理内容已在第一节图 8-1 所示。在施工现场，监理单位与施工单位（项目经理部）直接相处，对建设工程项目全方位负责。监理人员按监理合同管理对施工项目进行督导，施工人员则按施工合同所规定的要求进行施工。监理工程师与项目经理虽然没有直接的组织关系，但都是为了共同的目标，就是提高工程质量、缩短工期、降低工程成本而开展工作的。

（一）施工监理中的合同管理

合同管理是指国家行政机关、公正机构和企业自身对合同的管理。在施工监理中的合同管理，主要指站在公正、严肃的立场，由项目监理组对施工合同进行监督管理，包括协助建设单位和承建单位签订施工合同，并督促双方履行合同，在发生合同纠纷时，在一定范围内提供科学、公正的依据，协助解决纠纷。同时，也包括建设行政主管部门和施工合同当时人对合同的管理。

施工监理中所履行的合同管理仍然围绕着三大控制的问题。监理单位在施工阶段所赋予的权力：

（1）合同内的工程款支付与结算的确认权或否决权；

（2）施工进度和工期上的确认权或否决权；

（3）材料、构配件等的质量和施工过程中的工序质量的确认权或否决权。

为了全面地履行合同内容、记录合同执行情况，掌握合同变更以及处理好合同纠纷、索赔事项，保证合同顺利实施，使合同管理规范化、系统化。监理单位在进行合同目标管理时，应运用计算机辅助管理手段，从而提高监理工作的效率。

（二）施工监理中的信息管理与组织协调

1. 信息管理

信息是控制和协调的基础。信息管理是监理工作中的重要内容。所谓信息管理就是对信息的收集、整理、处理储存、传递与应用过程，信息管理是项目监理和项目管理的重要内容，以施工项目的基本目标为中心，建立信息管理系统。信息管理包括四项内容，即建立信息的编码系统，明确信息流程，制定信息采集制度，利用高效的信息处理手段处理信息。

施工监理信息系统的作用：

（1）为监理各层次，各单位收集、传递、处理、存储和分发各类数据和信息；

（2）为高层次监理人员提供决策所需的信息、手段、模式和决策支持；

（3）提供人、财、物、设备诸要素之间综合性强的数据，对编制和修改计划，实现调控提供必要的手段；

（4）提供必要的办公自动化手段，使监理工程师摆脱繁琐的简单事务性作业。

例如监理信息系统中的质量控制系统，应建立工程质量信息管理登录、查询，确定随机抽样方案、数理统计图法质量分析、工程质量信息管理报表打印等。

2. 组织协调

监理工程师进行组织协调的特殊作用是由其在项目管理中的地位决定的，他与业主有委托与被委托的关系,也就是为业主服务的关系。它与承包方有监理与被监理的关系,依据是业主的授权合同。因此,组织协调的重点是业主,施工和设计三方的关系。施工阶段协调的主要问题是:

(1) 依据进度计划协调施工单位与业主和设计单位之间的关系,从而保证施工按计划进行,解决矛盾,实现进度控制目标。

(2) 依据施工验收规范和质量检验评定标准协调三方在质量控制中的关系,监理工程师做好检查、验收、签证等工作,并且通过对供应单位和施工单位质量体系的认证等,以达到质量控制的目的。

(3) 以合同造价为标准,与业主、承包商一起努力控制造价。

除协调好业主、设计、施工三方关系外,还要协调施工与政府有关部门的关系,施工与资源供应有关部门的关系等。

## 二、施工监理中的目标控制

施工阶段的目标控制是工程项目全过程监理的重要环节,也是项目管理的重要组成部分。施工阶段的目标控制主要是对投资、工期,质量三大目标的控制。

(一) 施工阶段的投资控制

在施工阶段进行投资控制的基本原理是在项目施工的过程中,以控制循环理论为指导,把投资计划值作为工程项目投资控制的总目标值,并分解作为单位工程和分部分项工程的分目标值。在施工过程中将实际支出值和投资计划值进行比较,发现偏差,从组织、经济、技术和合同四个方面,及时采取有效措施加以控制。具体作法如下:

(1) 对实际完成的分部分项工程量进行计量和审核,对承建单位提交的工程进度付款申请进行审核并签发付款证明来控制合同价款。

(2) 严格控制工程变更,按合同规定的控制程序和计量方法确定工程变更价款,及时分析工程变更对控制投资的影响。

(3) 在施工进展过程中进行投资跟踪,动态控制,将实际支出数值与投资控制值比较,预测尚需发生的投资支出值,及时提出报告。

(4) 做好施工监理记录和收集保存有关资料,依合同条款,处理承建单位和建设单位提出的索赔事宜。

(5) 对项目的工程量和投资计划值,按进度要求和项目划分层层分解到各单位工程或分部分项工程。

(6) 对施工方案进行认真审查和技术经济分析,积极推广应用新工艺和新材料。

(7) 促进承建单位推行项目法施工,形成项目经理对项目建设的工期、质量、成本的三大目标的全面负责,协助承建单位改革施工工艺技术,优化施工组织。

(8) 进行主动监理,帮助承建单位加强成本管理,使工程实际成本控制在合同价款之内。

(二) 施工阶段的进度控制

在工程施工阶段对进度的控制,其目的在于随时掌握整个工程已经进行到什么程度,以便及时采取调整措施,保证预计目标的实现。

由于工程进度计划在实施过程中受人、材料、设备、机具、地基、资金、环境等因素的影响,致使工程实际进度与计划进度不相符,因此,管理人员在工程计划实施过程中要定期对工程进度计划的执行情况进行控制。其控制方法有：

（1）深入现场了解工程进度计划中各分部分项实际进度情况，收集有关数据加以监控。

（2）对数据进行整理和分析，将计划进度与实际进度进行对比评价加以比较。

（3）根据评估的结果，提出可行的变更措施，决定对工程目标，进度计划加以调整或重新制订。

（三）施工阶段的质量控制

施工阶段的质量是实现建筑产品使用价值的关键，而又决定了社会效益和经济效益的优劣。因此，必须以预防为主，重视事前控制防患于未然。施工监理的质量控制，主要是通过审核有关质量标准、技术文件、报告。按施工顺序、进度和监理计划，及时审核和签署有关质量文件、报表等。具体作法如下：

（1）审核进入施工现场各分包单位的技术资质证等有关的文件。

（2）审核承建单位的正式开工报告，并经现场核实后，下达开工命令。

（3）审核承建单位提交的施工组织设计及施工方案，确保工程质量有可靠的技术措施。

（4）审核承建单位提交的有关反映工序质量动态管理图表。

（5）审核承建单位提交的有关材料、半成品等质检报告。

（6）审核设计变更、修改图纸和技术核定书。

（7）审核有关工程质量事故处理报告。

（8）审核有关采用的新技术、新工艺、新材料等的技术鉴定书。

（9）审核承建单位提交的关于工序交接检查、分部、分项工程质量检验报告。

（10）审核并签署现场有关质量技术签证、文件等。

（11）检查开工条件是否具备，开工后的质量是否能保证。

（12）在对工程质量有重大影响的工序，实行工序交接检查。

（13）对隐蔽工程需检查认证后方可掩盖。

（14）对严重违反质量管理规定者，行使质量否决权令其停工，经检查认可后再下达复工令。

（15）分部、分项工程完成后，应检查认可签署验收记录。

（16）对施工难度较大的工程，必须进行随班跟踪检查，发现问题及时处理。

## 第三节　FIDIC 简介

FIDIC 是"国际咨询工程师联合会"的简介。FIDIC 条款经过在全世界范围内十多年的应用，已被各国公认是最好的土木工程师建筑管理方法。

### 一、FIDIC 条款的内容

FIDIC 条款的主要内容有：招标文件的准备、投标人资格预审、选择承包商、选择监理工程师、施工。

FIDIC 有以下主要条例：

1．业主和施工单位合同条例，称为国际土木工程承发包合同条例。

2．业主与设计单位的合同条例。

3．业主与项目管理咨询机构的合同条例。

## 二、FIDIC 条款的结构

FIDIC 条款科学地把技术、经济、管理、法律结合起来，即把施工技术规范、工程计量与支付结算，用具有法律作用的合同条款约束起来。它不仅约束承包商，也约束业主和监理工程师。它确定了业主、监理工程师、承包商等各方缔约人的权利与义务，并规定了违约等处罚条件，因而各方的缔约人均需按照各自的义务、权利、约束自己监督对方，形成有条不紊的项目实施过程中严密的管理体系，保证工程建设有法可依，有法必依，执法必严的法制轨道。

## 三、FIDIC 条款的应用

FIDIC 条款已被世界银行承认，并在国际性招标中使用，国际承包商对这种方法都十分熟悉。

FIDIC 条款共七十二条，列出了特殊(也称专用)条款二十一条。为了适应世界各国的政策法律，技术标准和施工技术规范等，特殊条款可以对普通条款进行修订，其范围可以多于特殊条款规定的二十一条，根据国情还可以补充一些条款。FIDIC 条款既有普遍性又有特殊性，在全世界广泛地被应用。

## 复 习 思 考 题

1. 简述建设监理的概念。在我国实行建设监理的意义何在？
2. 简述政府建设监理的概念及其特点。
3. 简述社会建设监理的概念及其特点。
4. 简述社会建设监理的任务有哪些？
5. 简述施工阶段社会建设监理的业务工作内容。
6. 监理工程师应具备哪些素质？
7. 施工监理中信息管理系统的作用有哪些？
8. 施工监理中的目标控制的内容有哪些？
9. 社会建设监理与工程项目管理的联系与区别是什么？

# 第九章 项目竣工验收及总结

竣工验收是建设项目建设周期的最后一个阶段,它是全面考核建设工作,检查工程建设是否符合设计要求和工程质量的重要环节,对促进建设项目及时投产,发挥投资效益,总结建设经验起着重要作用。我国现行规定,根据建设项目的规模大小和复杂程度,整个建设项目的验收分为初步验收和竣工验收两个阶段进行。当建设项目规模较小、较简单时,可以把施工项目初步验收与建设项目竣工验收合为一次进行。

## 第一节 项目竣工验收

**一、项目竣工验收的概念和作用**

(一)项目竣工验收概念

1. 项目竣工概念

项目竣工是指施工项目经过承建单位施工准备和全部施工活动,已完成了项目设计图纸和承包合同所规定的全部内容,并达到建设单位使用要求,它标志项目施工任务已全面完成。

2. 项目竣工验收的概念

项目竣工验收是指承建单位将竣工项目及其有关资料移交给建设单位,并接受其对产品质量和技术资料的一系列审查验收工作的总称。它是施工项目管理的最后环节。如果施工项目已达到竣工验收标准,则经过竣工验收后,就可以解除合同双方各自承担的合同义务、经济和法律责任。

(二)项目竣工验收作用

1. 项目竣工验收标志项目投资已转化为能发挥经济效益的固定资产,并促使建设工程早日使用,以尽早发挥其投资效益。

2. 项目竣工验收是施工项目管理的最终重要环节,通过项目竣工验收,可以更好地控制项目质量,使其符合项目设计和使用要求。

3. 在项目竣工验收时,承建单位必须将项目技术经济资料整理归档,这样有利于总结经验教训,进一步提高施工项目的管理水平。

**二、项目竣工验收的依据**

1. 经批准的设计任务书、扩初设计、施工图设计文件和设备技术说明书。

2. 国家或部颁发的建筑安装施工及验收规范、质量检验评定标准,以及各省、市规定的技术标准。

3. 主管部门有关项目建设和批复文件。

4. 建设单位和承建单位签订的承发包合同。

5. 施工图纸会审记录、项目设计变更签证及技术核定单。

### 三、项目竣工验收内容

施工项目竣工验收包括:项目竣工资料和工程实体复验两部分内容,其中项目竣工资料的内容包括:

1. 施工项目开工和竣工报告。
2. 竣工工程项目一览表(包括竣工工程名称、结构、面积、层数、装修标准、概(预)算以及主要工艺设备和装置的目录等)。
3. 项目施工图纸会审和设计交底记录。
4. 项目设计变更签证单和技术核定单。
5. 项目水准点位置和定位复测以及沉降和位移观测记录。
6. 项目材料、设备和构件质量合格证明资料。
7. 项目质量检验和试验报告资料。
8. 项目质量事故调查和处理资料。
9. 设备安装调试记录,管道系统安装、试压、试漏检查记录,建筑设备(水、暖、电、卫等)检验、试验记录。
10. 项目隐蔽工程验收记录和施工日志资料。
11. 项目全部竣工图纸资料。
12. 项目质量检验评定资料,项目竣工通知单等资料。

### 四、项目竣工验收要求和标准

根据国家计委1990年发布的《建设项目(工程)竣工验收办法》的规定,建设项目进行竣工验收必须符合以下要求:

(1) 生产性项目和辅助性公用设施,已按设计要求建完,能够满足生产使用。
(2) 主要工艺设备配套设施经联动负荷试车合格,形成生产能力,能够生产出主设计文件所规定的产品。
(3) 必要的生活设施,已按设计要求建成。
(4) 生产准备工作能适应投产的需要。
(5) 环境保护设施、劳动安全卫生设施、消防设施已按设计要求与主体工程同时建成使用。

有的建设项目(工程)基本符合竣工验收标准,只是零星土建工程和少数非主要设备未按设计规定的内容全部建成,但不影响正常生产,亦应办理竣工手续。对剩余工程,应按计留足投资,限期完成。有的项目投产初期一时不能达到设计能力所规定的产量,不应因此拖延办理验收和移交固定资产手续。

有些建设项目和单项工程,已形成部分生产能力或实际上生产方面已经使用,近期不能按原设计规模续建的,应从实际情况出发,可缩小规模,报主管部门(公司)批准后,对已完成的工程和设备,尽快组织验收,移交固定资产。

国外引进设备项目,按合同规定完成负荷调试、设备考核合格后,进行竣工验收。其他项目在验收前是否要安排试生产阶段,按各个行业的规定执行。

项目竣工验收的标准如下:

1. 单位工程竣工验收标准
(1) 房屋建筑工程竣工验收标准:

1）交付竣工验收工程,均应按施工图设计规定全部施工完毕,经过承建单位预验和监理工程师初验,并已达到项目设计、施工和验收规范要求。

2）建筑设备经过试验,并且均已达到项目设计和使用要求。

3）建筑物室内外清洁,室外2m以内的现场已清理完毕,施工渣土已全部运出现场。

4）项目全部竣工图纸和其他竣工技术资料均已齐备。

（2）设备安装工程竣工验收标准:

1）属于建筑工程的设备基础、机座、支架、工作台和梯子等已全部施工完毕,并经检验达到项目设计和设备安装要求。

2）必须安装的工艺设备、动力设备和仪表,已按项目设计和技术说明书要求安装完毕,经检验其质量符合施工及验收规范要求,并经试压、检测、单体或联动试车,全部符合质量要求,具备形成项目设计规定的生产能力。

3）设备出厂合格证,技术性能和操作说明书,以及试车记录和其他竣工技术资料均已齐全。

（3）室外管线工程竣工验收标准:

1）室外管道安装和电气线路敷设工程,全部按项目设计要求已施工完毕,并经检验达到项目设计、施工和验收规范要求。

2）室外管道安装工程,已通过闭水试验,试压和检测,并且质量全部合格。

3）室外电气线路敷设工程,已通过绝缘耐压材料检验,并已全部质量合格。

2．单项工程竣工验收标准

（1）民用单项工程竣工验收标准:

1）全部单位工程均已施工完毕,达到项目竣工验收标准,并能够交付使用。

2）与项目配套的室外管线工程已全部施工完毕,并达到竣工质量验收标准。

（2）工业单项工程竣工验收标准:

1）项目初步设计规定的工程,如建筑工程、设备安装、配套工程和附属工程均已全部施工完毕,经过检验达到项目设计、施工和验收规范以及设备技术说明书要求,并已形成项目设计规定的生产能力。

2）经过单机、联机无负荷及投料试车全部合格,具备形成设计能力的条件。

3）项目生产准备已基本完成。

3．建设项目竣工验收标准

（1）民用建设项目竣工验收标准

1）项目各单位工程和单项工程均已符合项目竣工验收标准。

2）项目配套工程和附属工程均已施工完毕,已达到设计规定的相应质量要求,并具备正常使用条件。

（2）工业建设项目竣工验收标准:

1）主要生产性工程和辅助公用设施,均按项目设计规定建成,并能够满足项目生产要求。

2）主要工艺设备和动力设备,均已安装配套,经测试全部合格,并已形成生产能力,可以产出项目设计文件规定的产品。

3）生活及福利设施,均能够适应项目投产初期需要。

4) 项目生产准备工作,已能够适应投产初期需要。

总之,项目施工完毕后,必须及时进行项目竣工验收。国家规定:"对已具备竣工验收条件的项目,三个月内不办理验收投产和移交固定资产手续,将取消企业和主管部门的基建试车收入分成,由银行监督全部上交国家财政。如三个月内办理竣工验收确有困难,经验收主管部门批准,可以适当延长期限。"

### 五、项目竣工验收程序

按《建设项目(工程)竣工验收办法》的规定,建设项目的竣工验收程序如下:

1. 根据建设项目(工程)的规模大小和复杂程度,整个建设项目(工程)的验收可分为初步验收和竣工验收两个阶段进行。规模较大、较复杂的建设项目,应先进行初验,然后进行全部建设项目的竣工验收。规模小的,较简单的工程项目,可以一次进行全部项目的竣工验收。

2. 建设项目(工程)在竣工验收之前,由建设单位组织设计、施工单位以及使用等有关单位进行初验。初验前由施工单位按照国家规定,整理好有关文件及技术资料,向建设单位提出交工报告。建设单位接到报告后,应及时组织初验。

3. 建设项目(工程)全部完成,经过各单项工程的验收,符合设计要求,并且备齐竣工图表、竣工决算、工程总结等必要文件资料,由工程项目主管部门或建设单位向负责验收的单位提出竣工验收申请报告。

施工项目竣工验收一般按两个步骤进行:一是由施工单位先自验;二是正式验收,由施工单位同建设单位、设计单位共同验收。

(1) 竣工自验(或竣工预验):

1) 自验的标准应与正式验收一样,主要依据是国家(或地方政府主管部门)规定的竣工标准和竣工口径:工程完成情况是否符合施工图纸和设计的使用要求;工程质量是否符合国家和地方政府规定的标准和要求;工程是否达到合同规定的要求和标准;等等。

2) 参加自验的人员,应由项目经理组织生产、技术、质量、合同、预算以及有关的施工工长等共同参加。

3) 自验的方式,应分层、分段、分间地由上述人员按照自己主管的内容逐一进行检查。在检查中必须做好记录,对不符合要求的部位和项目,确定修补措施和标准,并指定专人负责,定期修理完毕。

4) 复验。在基层施工单位自验的基础上,并对检查发现的问题加以全部修补完毕后,项目经理应提请上级(公司或总公司)进行复验。通过复验,解决全部遗留问题,为正式验收做好充分准备。

(2) 正式验收:

在自验的基础上,确认工程全部符合竣工验收标准,具备了交付使用的条件后,即可开始正式竣工验收工作。

1) 发出《竣工验收通知书》。施工单位应于正式竣工验收之日的前10天,向建设单位发送通知书。

2) 组织验收工作。工程竣工验收工作由建设单位邀请设计单位及有关方面参加,同施工单位一起进行检查验收。列为国家重点工程的大型建设项目,应有国家有关部委,邀请有关方面参加,组成工程验收委员会进行验收。

3）签发《竣工验收证明书》并办理工程移交。在建设单位验收完毕并确认工程符合竣工标准和合同条款规定要求以后，即应向施工单位签发证明书。

4）进行工程质量评定。

5）办理工程档案资料移交。

6）办理工程移交手续。

**六、项目交工后服务**

为了使项目在竣工验收后达到最佳使用条件和最长的使用寿命，承建单位在工程移交时，必须向建设单位提出建筑物使用和保养指导要领，并在用户开始使用后，认真执行回访和保修制度。

1. 项目保修期确定

（1）一般工业与民用建筑、公共建筑和构筑物的土建工程，保修期为一年。

（2）室内照明、电气和上下水管道安装工程，保修期为六个月。

（3）室内供热和供冷系统，保修期分别为一个采暖期或供冷期。

（4）室外上下水管道和小区道路，保修期为一年。

（5）工业建筑设备、电气、仪表和工艺管道等项，保修期没有明确规定，一般可定为三～六个月。

2. 项目交工后回访

承建单位要定期回访项目用户，一般在保修期内每个项目至少要回访一次。如果保修期为一年，那么通常在半年回访一次。其回访的内容包括：

（1）听取用户使用后的意见；

（2）主动地询查产品质量问题，分析现存问题产生的原因；

（3）商讨返修事宜；

（4）填写工程项目回访卡。

## 第二节　施工项目的结算和决算

**一、施工项目结算的概念和意义**

施工项目结算是指施工项目实施过程中，项目经理部与建设单位依据施工合同中的有关条款，进行工程进度款清算了结，以及项目竣工验收后的最终结算（竣工结算）。结算的主体是施工单位。结算的目的是施工单位向建设单位索要工程款，逐步实现"商品的销售"。

施工项目结算的重要意义，在于施工单位能及时取得施工项目的流动资金，加速资金周转，保证施工正常进行。在保证项目质量的前提下，缩短工期，降低成本，使施工单位取得应得利益等。

**二、工程价款结算方式**

由于现行的承发包形式、资金渠道、工程性质等存在不同情况，工程款的结算也存在多种方式。按1989年《中国人民建设银行建设工程价款结算办法》的规定，工程价款结算方式如下：

1. 按月结算

即实行旬末或月中预支，月终结算，竣工后清算的办法。跨年度施工的工程，在年终进行工程盘点,办理年度结算。

2．竣工后一次结算

建设项目或单项工程全部建筑安装工程建设期在12个月以内,或者工程承包合同价值在100万元以下的,可以实行工程价款每月月中预支,竣工后一次结算。

3．分段结算

即当年开工,当年不能竣工的单项工程或单位工程,按照工程形象进度,划分不同阶段或部位进行结算。分段划分标准,由各部门或省、自治区、直辖市、计划单列市规定,分段结算可以按月预支工程款。

4．结算双方约定并经开户建设银行同意的其他结算方式。

实行竣工后一次结算和分段结算的工程,当年结算的工程款应与年度完成工作量一致,年终不另外清算。

有关施工项目结算规定,在《建设工程施工合同》示范文本(GF—91—0201)第20、22、28条款中都作了详细的规定,在实际工作中,必须高度重视,并作为依据加以应用。

### 三、工程价款结算实务

1．承包单位办理工程价款结算时,应填制统一规定的"工程价款结算帐单",经发包单位审查签证后,通过开户建设银行办理结算。发包单位审查签证期一般不超过5天。

2．建设工程价款可以使用期票结算。发包单位按发包工程投资总额将资金一次或分次存入开户建设银行,在存款总额内开出一定期限的商业汇票,经其开户行承兑后,交承包单位。承包单位到期持票到开户建设银行申请付款。

3．承包单位对所承包的工程,应根据施工图、项目施工规划和现行定额、费用标准、价格等编制施工图预算,经发包单位同意,送开户建设银行审定后,作为工程价款结算的依据。

4．承包单位将承包的工程分包给其他分包单位的,其工程款由总包单位统一向发包单位办理结算。

5．承包单位预支工程款时,应根据工程进度填列"工程价款预支帐单",送发包单位和建设银行办理付款手续,预支的款项,应在月终和竣工结算时抵冲应收的工程款。

6．实行预付款结算,每月终了,建筑安装企业应根据当月实际完成的工程量以及施工图预算所列工程单价和取费标准,计算已完工程价值,编制"工程价款结算帐单"和"已完工程月报表",送建设单位和建设银行办理结算。

7．施工期间,不论工期长短,其结算价款一般不得超过承包工程合同价值的95%,结算双方可以在5%的幅度内协商确定尾款比例,并在工程承包合同中订明,尾款应专户存入建设银行,待工程竣工验收后清算。承包方已向发包方出具履约保函或有其他保证的,可以不留工程尾款。

8．承包单位收取备料款和工程款时,可以按规定采用汇兑、委托收款、汇票、本票、支票等各种结算手段。

9．工程承发包双方必须遵守结算纪律,不准虚报冒领,不准相互拖欠,对无故拖欠工程款的单位,建设银行应督促拖欠单位及时清偿。

10．工程承发包双方都应严格履行工程承包合同。如在工程价款结算中存在经济纠纷,则应协商解决,协商不成,可向双方主管部门或国家仲裁机关申请裁决或向法院起诉。

### 四、竣工决算

竣工决算是以实物量和货币为计量单位,综合反映建设项目或单项工程的实际造价和投资效果,核定交付使用财产和固定资产价值的文件,是建设项目的财务总结。

竣工决算的主体是建设单位,是由建设单位依据施工单位编制的竣工结算而编制的。竣工决算的内容由文字说明和决算报表两部分组成。文字说明主要包括:工程概况、设计概算和基建计划的执行情况、各项技术经济指标完成情况、各项拨(贷)款使用情况、建设成本和投资效益分析以及建设过程中的主要经验、存在问题和解决的意见等。决算表格分大中型项目和小型项目两种。大中型项目竣工决算表包括:竣工工程概况表、竣工财务决算表、交付使用财产总表及明细表。小型项目竣工决算表按上述内容合并简化为:小型项目竣工决算总表、交付使用财产明细表。

竣工决算编制出来后,根据国家规定,由建设银行负责对竣工决算的审查和签证工作。

## 第三节 施工项目管理的分析和总结

### 一、施工项目管理的全面分析

施工项目完工后,必须进行全面分析和总结。主要是对项目施工活动进行全面系统的技术评价和经济分析,以总结经验、吸取教训,从而不断地提高施工单位的技术和管理水平。

全面分析,是对施工项目实施中的各个方面都作分析,从而综合评价项目的经济效益和管理效果。一般从两个方面进行分析评价,即效果指标和消耗指标。

(一) 效果指标

反映项目施工的效果指标主要有:

1. 工程质量评定等级。指单位工程在竣工验收后,最后评定的质量等级是合格还是优良。优良级为施工质量效果好,而合格级则说明质量效果为一般。除此之外,在优良级的基础上还有市(省)优、部优。

2. 实际工期与工期缩短(拖期)指标。实际工期是指从开工到完工的日历天数。工期缩短(拖期)是指实际工期与合同工期的差额,若实际工期小于合同工期,则工期缩短(提前),项目实施效果好;反之,则工期拖期(延期),实施效果差。当然要作具体分析,因为影响工期的因素较多。

3. 利润和成本利润率。利润是指承包价格与实际成本的差额;成本利润率是利润额与实际成本之比,用成本利润率可以分析成本与利润之间的关系。利润额的大小与工程成本的高低成反比,利润指标从正反两方面反映出劳动消耗的情况。而成本利润率则可以从正反两方面反映劳动消耗的经济效果。

4. 劳动生产率指标。该指标是指工程承包价格与实际耗用工日数之比,能反映项目实施的生产效果。劳动生产率高则说明生产效果好。

(二) 消耗指标

这里所指的是用工、材料及机械台班量的消耗。

1. 单方用工、劳动效率以及节约工日

$$单方用工 = \frac{实际用工(工日)}{建筑面积(m^2)}$$

$$劳动效率 = \frac{预算用工(工日)}{实际用工(工日)} \times 100\%$$

$$节约工日 = 预算用工(工日) - 实际用工(工日)$$

2．主要材料节约量及材料成本降低率(即钢材、木材、水泥等)

$$主要材料节约量 = 预算用量 - 实际用量$$

$$材料成本降低率 = \frac{承包价中的材料成本 - 实际材料成本}{承包价中的材料成本}$$

3．主要机械利用率及机械成本降低率

$$主要机械利用率 = \frac{预算台班数}{实际台班数} \times 100\%$$

$$施工项目机械成本降低率 = \frac{预算机械成本 - 实际机械成本}{预算机械成本} \times 100\%$$

4．成本降低额和成本降低率

$$成本降低额 = 承包成本 - 实际成本$$

$$成本降低率 = \frac{承包成本 - 实际成本}{承包成本} \times 100\%$$

通过以上相对指标和差额指标的计算所表示的效果与消耗的关系，从中就可以分析施工项目的管理水平和效益。同时，这种建立在效益分析基础上的全面分析，是用数据资料判断项目施工全过程的管理状况，并及时加以总结分析，这样，为以后的项目管理提供客观依据，从而不断提高项目管理的水平。

## 二、施工项目单项分析

施工项目单项分析是针对某项指标进行剖析，从而找出在项目管理中所取得的成绩或存在问题的具体原因，并且提出应该如何加强和改善的具体内容。单项分析主要应对质量、工期、成本三大基本目标进行分析。比如，工程质量等级评定的优良，就可以总结质量管理中的经验，如果有普遍的适用性，则可以加以推广。若工程质量等级评定为合格，那么应进一步找出影响项目质量的某分部、分项工程中所存在质量管理上的原因，在分析原因的同时，提出整改措施，在今后质量管理中引以为戒。

通过单项分析，就能及时了解和掌握项目经理部存在的各种不足或优势何在，以便在今后的项目管理中注意扬长避短。同时，通过对企业施工的相似工程相应指标的对比，还可以了解企业各个方面不足的改进和完善情况，增强了企业自身发展的能力。

## 三、施工项目管理总结

施工项目管理总结是在效益分析的基础上进行的。主要的依据为施工中所积累的资料，另外还有施工项目规划、施工图、施工预算、承包合同等。施工总结包括技术和经济两个方面。

(一) 技术总结

技术总结的内容是：在施工中采用了哪些新工艺、新材料、新设备、新技术(包括为提高工程质量降低工程成本所采用的管理技术)。

(二) 经济总结

经济总结主要是从纵向和横向两个方面比较经济指标的提高或下降情况。其中纵向是指企业本身的历史经济数据；横向是指同类企业、同类项目的经济数据。施工总结的中心内容还是围绕着质量、工期、成本三大目标。通过总结应得出以下结论：

(1) 合同完成情况,即是否完成了工程承包合同,内协承包合同责任承担及完成的实际情况。

(2) 项目施工规划的实施和管理目标的实现情况。

(3) 施工项目各部位的质量状况及总体质量。

(4) 工期对比状况及工期缩短所产生的效益。

(5) 施工项目生产要素的控制及节约状况。

(6) 施工项目在全部施工活动中所提供的经验和教训。

总之,通过项目管理总结,可以使项目经理部看到自己的成绩和存在的不足,以便克服缺点,发扬成绩。特别是对缺点产生的原因要进行深入分析,从中取得经验和教训,为下一个项目取得更好的成绩创造有利条件。总结必须做到实事求是,简明扼要,用数据说话,力求高度概括而又系统地总结出本施工企业和本项目的施工特点。

## 复习思考题

1. 试说明施工项目竣工验收依据。
2. 试说明施工项目竣工资料的内容。
3. 简述单位工程竣工验收标准。
4. 试说明项目交工后回访内容。
5. 简述施工项目结算的概念及意义。
6. 试说明工程价款结算的方式。
7. 试述竣工结算和竣工决算的区别和联系。
8. 试说明施工项目管理的总结内容。

# 参 考 文 献

1. 丛培经主编．施工项目管理概论．北京：中国建筑工业出版社，1995
2. 郎荣燊等主编．施工企业项目管理．北京：中国人民大学出版社，1993
3. 刘志才等主编．建筑工程施工项目管理．哈尔滨：黑龙江科学技术出版社，1996
4. 黄展东主编．建筑施工组织与管理．北京：中国环境科学出版社，1995
5. 范运林等主编．工程招投标和合同管理．北京：中国建筑工业出版社，1995
6. 欧震修主编．建筑工程施工监理手册．北京：中国建筑工业出版社，1995